Elementar

CB008056

Tim James

Elementar

Como a tabela periódica pode explicar (quase) tudo

Tradução:
Maria Luiza X. de A. Borges

 ZAHAR

Copyright © 2018 by Tim James

Grafia atualizada segundo o Acordo Ortográfico da Língua Portuguesa de 1990, que entrou em vigor no Brasil em 2009.

Título original
Elemental: How the Periodic Table Can Now Explain (Nearly) Everything

Capa e ilustração
Estúdio Apé

Ilustrações de miolo
Tim James

Preparação
Cláudio Figueiredo

Revisão técnica
Samira Portugal

Índice remissivo
Gabriella Russano

Revisão
Natália Mori
Julian F. Guimarães

Dados Internacionais de Catalogação na Publicação (CIP)
(Câmara Brasileira do Livro, SP, Brasil)

James, Tim
    Elementar : Como a tabela periódica pode explicar (quase) tudo / Tim James ; tradução Maria Luiza X. de A. Borges. — 1ª ed. — Rio de Janeiro : Zahar, 2022.

    Título original : Elemental: How the Periodic Table Can Now Explain (Nearly) Everything.
    ISBN 978-65-5979-091-3

    1. Elementos químicos 2. Tabela periódica dos elementos químicos I. Título.

22-129438   CDD: 546.8

Índice para catálogo sistemático:
1. Tabela periódica : Química   546.8

Cibele Maria Dias – Bibliotecária – CRB-8 / 9427

[2022]
Todos os direitos desta edição reservados à
EDITORA SCHWARCZ S.A.
Praça Floriano, 19, sala 3001 — Cinelândia
20031-050 — Rio de Janeiro — RJ
Telefone: (21) 3993-7510
www.companhiadasletras.com.br
www.blogdacompanhia.com.br
facebook.com/editorazahar
instagram.com/editorazahar
twitter.com/editorazahar

Dedicado aos alunos da Northgate High School

Sumário

Introdução: Uma receita de realidade

CATORZE BILHÕES DE ANOS ATRÁS, nosso Universo decidiu começar. Não sabemos o que havia antes (se é que *houve* um antes), sabemos apenas que ele começou a se esticar em todas as direções e vem fazendo isso desde então. Nos primeiros nanossegundos após o big bang, toda a realidade era uma sopa resplandecente de partículas, espumando a temperaturas milhões de vezes mais quentes que o Sol. À medida que tudo se espalhou, no entanto, as coisas esfriaram, as partículas se estabilizaram e os elementos nasceram.

Os elementos são os ingredientes que a natureza usa para a culinária cósmica: as substâncias mais puras que constituem tudo, da beterraba às bicicletas. O estudo dos elementos e seus usos é o que chamamos de química, embora infelizmente essa palavra tenha passado a significar algo sinistro para muita gente.

Um escritor num site muito popular sobre saúde resmungava recentemente sobre "substâncias químicas em nossa comida" e o que podemos fazer para manter a comida "livre de substâncias químicas". Esses alarmistas parecem pensar que substâncias químicas são toxinas criadas por lunáticos de jaleco, mas essa visão é estreita demais. Substâncias químicas não são apenas os líquidos borbulhantes que você vê em tubos de ensaio: elas são os próprios tubos de ensaio.

A roupa que você está vestindo, o ar que está respirando e a página para a qual está olhando neste momento são todos substâncias químicas. Se você não quer substâncias químicas na sua comida, receio que seja tarde demais. Os alimentos *são* substâncias químicas.

Suponha que você misture duas partes do elemento hidrogênio com uma parte de oxigênio. Em notação científica, você escreveria isso como H_2O, água, a substância química mais famosa do mundo. Jogue aí dentro um pouquinho do elemento carbono e você obtém $C_2H_4O_2$ — vinagre caseiro. Multiplique cada um desses ingredientes por três e você obterá $C_6H_{12}O_6$, mais comumente conhecido como açúcar.

A única diferença entre culinária e química é que, enquanto uma receita pode especificar um legume ou verdura, a química quer ir mais fundo e descobrir do que os próprios vegetais são feitos. Não há praticamente nenhum limite para o que podemos descrever uma vez que conheçamos os elementos envolvidos. Considere este monstro, por exemplo:[1]

$$H_{375\,000\,000}O_{132\,000\,000}C_{85\,700\,000}N_{6\,430\,000}Ca_{1\,500\,000}P_{1\,020\,000}S_{206\,000}Na_{183\,000}$$
$$K_{177\,000}Cl_{127\,000}Mg_{40\,000}Si_{38\,600}Fe_{2680}Zn_{2110}Cu_{76\,114}Mn_{13}F_{13}Cr_7Se_4Mo_3Co_1$$

Parece alguma coisa que poderíamos encontrar num barril de lixo tóxico, mas é a fórmula química para um ser humano. É preciso multiplicar cada número por 700 trilhões, mas essas são as proporções químicas corretas para um corpo humano. Portanto, se você ouvir alguém dizendo que desconfia de substâncias químicas, sinta-se livre para tranquilizá-lo. Ele é uma substância química.

A química não é um assunto abstrato que acontece em laboratórios lúgubres: ela está acontecendo em toda parte à nossa volta e em toda parte dentro de nós.

Para compreender a química, portanto, temos de compreender a tabela periódica, aquela coisa hedionda que você provavelmente se lembra de ver na aula de química. Olhando fixo para você com todas as suas caixas, letras e números, a tabela periódica pode ser intimidante. Mas ela não é nada mais do que uma lista de ingredientes, e, depois que aprendemos a decodificá-la, torna-se uma de nossas maiores aliadas na explicação do Universo.

Portanto, está bem, a tabela periódica é muito estranha e muito complicada, mas assim também é o resto da natureza. É o que faz com que valha a pena estudá-la. É o que a torna bela.

1. Caçadores de chamas

A substância mais inflamável já produzida

A química realmente começou quando controlamos nossa primeira reação: atear fogo a coisas. A capacidade de criar e controlar fogo nos ajudou a caçar, cozinhar, afugentar predadores, permanecer aquecidos no inverno e fabricar ferramentas primitivas. Originalmente, queimávamos coisas como madeira e gordura, mas ocorre que a maioria das substâncias é combustível.

As coisas pegam fogo porque entram em contato com oxigênio, um dos elementos mais reativos que existem. A única razão pela qual as coisas não estão ardendo em chamas o tempo todo é que, embora o oxigênio seja reativo, ele precisa de energia para entrar em ação. É por isso que para acender um fogo é necessário também algo como calor ou fricção. O oxigênio tem de ser aquecido para queimar.

A substância química mais inflamável já produzida, porém, muito mais que o oxigênio, foi criada em 1930 por dois cientistas chamados Otto Ruff e Herbert Krug.[1] Conheça o trifluoreto de cloro.

Feito a partir dos elementos cloro e flúor numa proporção de um para três, o trifluoreto de cloro é único em sua capacidade de inflamar praticamente qualquer coisa, inclusive retardantes de chama.

Um líquido verde quando abaixo de 11,8°C e um gás incolor quando aquecido, ClF_3 ateará fogo em vidro e areia. Ateará fogo em amianto e Kevlar (o material de que trajes de bombeiros são feitos). Ateará fogo até na própria água, cuspindo gases de ácido fluorídrico no processo.[2]

Há pouquíssimos casos de utilização de ClF_3, contudo, porque ele tem a inconveniente propriedade de atear fogo em quase qualquer coisa com que entra em contato. É preciso um tipo especial de maluco para pensar, "Hum, vou experimentar isso".

O mais espetacular incidente com ClF_3 aconteceu em data não revelada numa fábrica de produtos químicos em Shreveport, Luisiana. Uma tonelada dele estava sendo deslocada através do chão de fábrica num cilindro lacrado, refrigerado para impedi-lo de reagir com o metal. Infelizmente, a temperatura fria tornou o cilindro quebradiço e ele rachou, derramando o produto por toda parte. O ClF_3 incendiou instantaneamente o piso de concreto e o fogo penetrou por mais de um metro de profundidade antes de se extinguir. O homem que movia o cilindro, segundo se relatou, foi encontrado a 150 metros de distância, arremessado pelo ar, morto de um ataque cardíaco. Isso foi trifluoreto de cloro refrigerado.[3]

Durante os anos 1940, houve algumas cautelosas tentativas de utilizá-lo como combustível de foguetes, mas inevitavelmente ele continuou incendiando os próprios foguetes, por isso os projetos foram abandonados.

As únicas pessoas que fizeram uma tentativa séria de aproveitar seu poder foram os pesquisadores nazistas de armas do Falkenhagen Bunker.[4] A ideia era usá-lo como um combustível de lança-chamas, mas ele ateava fogo no lançador de chamas e em quem quer que o estivesse carregando, por isso, mais uma vez, foi considerado imprestável.

Pense nisso: o trifluoreto de cloro ateia fogo em água, é tão maléfico que nem os nazistas se meteram com ele. O que o torna tão potente? A resposta é que o flúor se comporta de maneira muito similar ao oxigênio, mas precisa de menos energia para começar. Ele é o elemento mais reativo na tabela periódica. Assim, quando o combinamos com cloro, o segundo mais reativo, obtemos uma terrível aliança que inicia incêndios sem estímulo.

Fogo a partir de água

O filósofo grego Heráclito era tão apaixonado pelo fogo que declarou ser ele a substância mais pura — a matéria básica a partir da qual a realidade foi feita. Segundo ele, tudo era feito de fogo de uma forma ou de outra. O fogo era, em outras palavras, elementar.

É compreensível que se faça essa suposição, uma vez que o fogo de fato parece possuir propriedades mágicas. Por outro lado, Heráclito alimentava-se unicamente de capim e tentou se curar de hidropisia deitando-se num estábulo por três dias coberto de estrume..., após o que foi comido por cães.[5] De modo que talvez não precisemos levar as ideias de Heráclito demasiado a sério.

A razão por que era tão difícil identificar elementos no mundo antigo era que bem poucos elementos ocorrem em seu estado puro, algo que os filósofos primitivos não sabiam.

Em sua maioria eles são instáveis e se combinam para formar fusões de elementos chamadas compostos.

Funciona um pouco como um bar para solteiros. Todas as pessoas estão infelizes sozinhas, por isso se associam a outras para formar pares estáveis. No fim da noite, a maioria dos indivíduos formou compostos, levando, de modo geral, a uma estabilidade maior. Somente um punhado de elementos, como o ouro, que não se importam de estar solteiros, permanecem em seu estado original.

Quase tudo que encontramos na natureza é composto, por isso, embora algo como sal de mesa possa parecer puro, é jogo armado. Sal de mesa é na realidade um composto de sódio e cloro — os verdadeiros elementos.

Você nunca encontrará um torrão de sódio no chão ou uma nuvem de cloro sendo carregada pela brisa porque ambos são violentamente reativos. Isso os torna praticamente indetectáveis, em especial se você estivesse trabalhando com o tosco equipamento de laboratório do primeiro milênio.

Há também o fato de que muitos elementos são escandalosamente raros. Tome o elemento protactínio, usado em pesquisas de física nuclear: toda a provisão global vem de uma única lasca, pesando 125 gramas, pertencente à Autoridade de Energia Atômica do Reino Unido.[6] Com as probabilidades amontoadas contra eles, os filósofos gregos não tinham nenhuma chance de entender as coisas corretamente.

Foi só no fim do século XVII que um experimentador alemão chamado Hennig Brandt provou que substâncias comuns tinham elementos encerrados dentro delas e que a maioria das coisas que pensávamos serem puras não o eram de maneira alguma.

Numa noite desconhecida em 1669, Brandt estava fervendo vastas quantidades de urina em seu laboratório (cada um com seu hobby), provavelmente porque a urina é dourada e ele tinha esperança de ganhar uma fortuna solidificando-a no precioso metal.

Depois de muitas horas do que deve ter sido um trabalho desagradável, Brandt finalmente chegou a um denso xarope vermelho e um resíduo preto semelhante à porcaria que obtemos depois de queimar torrada. Ele misturou essas duas coisas e aqueceu a mistura mais uma vez. O que aconteceu em seguida não fez sentido nenhum.

Sua mistura de xarope de urina e sujeira de cozinha formou de repente um sólido céreo, que cheirava fortemente a alho e tinha um brilho verde-azulado. Não só isso: era extremamente inflamável e emitia uma luz branca ofuscante ao queimar. Ele tinha de alguma maneira extraído fogo da água.

Brandt chamou sua substância química de *phosphorus*, fósforo, do grego para portador de luz, e passou os seis anos seguintes fazendo experimentos com ela em segredo. E não foram seis anos divertidos. Cada porção de sessenta gramas de fósforo requeria que 5,5 toneladas de urina fossem fervidas.

Por fim, ficando sem o dinheiro de sua mulher, Brandt divulgou sua descoberta e começou a vender fósforo para Daniel Kraft, um dos primeiros divulgadores da ciência, que o levou por toda a Europa fazendo demonstrações para famílias reais e instituições científicas maravilhadas.[7]

Brandt, entretanto, manteve o método de extração como um segredo muito bem guardado. Embora tenha permanecido sempre um enigma o fato de ninguém ter conseguido descobrir o processo. Ele devia ter um pretexto e tanto para explicar por que queria toda aquela urina.

Hoje compreendemos exatamente o que se passava nos métodos de Brandt. A ingestão recomendada de fósforo está entre 0,5 grama e 0,8 grama por dia, mas como tudo o que comemos o contém, tendemos a consumir o dobro dessa quantidade. Todo esse excesso é passado para a urina, e Brandt estava simplesmente removendo todo o resto pela fervura.

Sua descoberta marcou um momento crucial para a química, dada a acentuada diferença entre o fósforo extraído e sua fonte. Urina não brilha no escuro (infelizmente), mas obviamente contém uma substância química que o faz. Isso era prova de que havia substâncias químicas escondidas à vista de todos. Os elementos não eram inalcançáveis.

Os homens que brincavam com fogo

No início do século XVIII, o químico alemão Georg Stahl, de posse desse novo conhecimento de que substâncias comuns podiam ser compostas de elementos ocultos, decidiu apresentar uma explicação para o fogo.

Quando metais queimam, eles formam pós coloridos que, na época, eram chamados de *calcinados*.* Era notoriamente difícil atear fogo em calcinados, por isso Stahl concluiu que eles eram elementos, difíceis de incendiar porque seu fogo tinha sido removido.

De acordo com essa hipótese, qualquer coisa inflamável continha uma substância que escapava para o ar quando aquecida, deixando para trás os restos carbonizados. A subs-

---

* Hoje óxidos. (N. R. T.)

tância foi chamada de flogístico, do grego *phlogizein*, acender, e Stahl afirmava que um fogo consistia em flogístico sendo separado de um óxido.[8]

A hipótese do fogo de Stahl foi importante porque, diferentemente de ideias anteriores na química, podia ser testada. Se estivesse correta, deveria ser possível capturar flogístico e combiná-lo com um óxido para regenerar o metal original. Ao apresentar uma ideia cujo erro podia ser provado, Stahl nos deu uma genuína hipótese científica e, como a maioria das hipóteses científicas, ela foi rapidamente destruída.

O primeiro golpe veio do cientista franco-britânico Henry Cavendish. Ele era um homem notoriamente tímido, com uma predileção por colecionar móveis, amado pelos físicos porque ajudou a fornecer evidências para a força da gravitação. Sua maior contribuição para a química, contudo, foi uma série de experimentos envolvendo ácido e ferro.

A reação entre esses dois sempre liberava um gás invisível, que Cavendish coletou. Seu primeiro pensamento foi que tinha conseguido agarrar flogístico, até que descobriu algo estranho. O gás era explosivo.[9] Se fogo era o resultado de flogístico escapando, como podia o próprio flogístico ser queimado? Como podia flogístico escapar de si mesmo?

Mais estranho ainda, quando o gás de Cavendish (que ele chamou de "ar inflamável") explodia, gerava água pura. Se era possível fazer água a partir de outras coisas, talvez a água também não fosse elementar.

O mistério seguinte veio em 1774, do herético clérigo inglês Joseph Priestley. Ele estava fazendo experimento com óxido de mercúrio (a substância em pó vermelha que se obtém quando mercúrio é queimado) e dirigindo raios de luz solar para ela com uma lupa.[10]

Priestley coletou o gás emanado e descobriu que outras coisas queimavam muito bem dentro dele, melhor do que o faziam no ar normal. Fosse o que fosse, tratava-se de algo claramente eficaz para remover o flogístico. Logicamente esse gás tinha de ser deflogisticado, porque era capaz de absorver flogístico, por isso chamou-o de "ar deflogisticado".

Cerca de duzentos anos antes o mágico polonês Michał Sędziwój tinha descoberto que o ar é uma mistura de dois gases: um deles era "o alimento da vida" e o outro era inútil.[11] Poderia isto estar relacionado?

Priestley decidiu vedar alguns camundongos numa caixa com seu gás deflogisticado e eles sobreviveram ilesos. Descobriu também, após testá-lo em si mesmo, que era realmente preferível ao ar comum e que respirá-lo o fazia sentir-se eufórico. O gás alimento-da-vida de Sędziwój era aparentemente a mesma coisa que seu gás deflogisticado.

Pristley descobriu ainda que as plantas pareciam exalar o gás, voltando a encher um aposento depois que um fogo ardera. A coisa toda era muito confusa. Fogos gerando água, metais gerando fogo, plantas gerando ar... O que estava acontecendo?

A instauração da ordem

A resposta para todos os enigmas veio em 1775, quando Priestley compartilhou seus resultados relativos ao flogístico com o químico francês Antoine Lavoisier.

Lavoisier trabalhava para o governo francês cobrando contribuições fiscais, mas sua verdadeira paixão era a ciência.

Ele já estivera fazendo experimentos com óxidos quando os experimentos de Priestley chegaram a seu conhecimento,[12] e decidiu que era hora de pôr à prova a hipótese do flogístico. Se fogo era o que resultava quando o flogístico deixava uma substância, o óxido restante devia pesar menos.

Priestley tinha tentado fazer medições com sua lupa e óxido de mercúrio, mas não existia equipamento de precisão no século xviii. Imagine tentar distinguir um pó que pesava um grama de um pó que pesava 1,1 grama. Um grande desafio.

Lavoisier decidiu ampliar o experimento de Priestley para obter um resultado claro. A diferença entre mil quilos e 1100 quilos é uma diferença de cem quilos, que era possível ver a olho nu. Assim Lavoisier ordenou a construção de uma lente de 2,74 metros e fulminou um prato de óxido de mercúrio com luz solar.[13]

Os resultados foram inequívocos — os óxidos pesavam *mais* do que o metal original. Todos entendiam isso ao contrário. O fogo não era a remoção de flogístico: era o acréscimo de alguma coisa a partir do próprio ar. Substâncias como metal e fósforo eram os elementos, e fogo era o que acontecia quando eles se combinavam com o gás de Priestley.

Por mais brilhante que fosse essa descoberta, Lavoisier não era perfeito e pensou erroneamente que o gás de Priestley fosse também responsável pelo gosto azedo dos ácidos. Ele o chamou de *oxygène*, do grego *oxys-genes*, que gera azedo, que se traduz como oxigênio.

O gás explosivo que Henry Cavendish tinha isolado era um elemento diferente (contido dentro do ácido, não do metal) e, quando aquecido com oxigênio, combinava-se para formar água. Lavoisier chamou esse gás de *hydrogène*, do grego *hydros-genes*, que gera água, que se traduz por hidrogênio.[14]

Essa nova maneira de olhar para as coisas também explicava por que não podíamos respirar num aposento depois que um fogo estivera ardendo. Não era porque o fogo estivesse emitindo uma substância tóxica: era porque o ar era parcialmente feito de oxigênio e o fogo o consumia, restando um outro gás.

Por fim foi demonstrado que esse gás inútil reagia sob condições extremas e podia gerar nitrato de potássio, um dos ingredientes essenciais da pólvora, por isso o químico e estadista John Chaptal chamou-o de *nitregène*, nitrogênio.

A ciência sempre avança quando se prova que uma hipótese está errada, e o experimento de Lavoisier assinou a sentença de morte do flogístico. O ar era uma mistura não reativa de nitrogênio e oxigênio, água era um composto formado de hidrogênio *com* oxigênio, e fogo era uma reação entre oxigênio e qualquer substância química disponível. Nenhum deles era um elemento.

Por seus esforços, Lavoisier foi levado para a guilhotina em maio de 1794. Possivelmente porque trabalhara como coletor de impostos na França pré-revolucionária (nunca uma boa ideia), porém mais provavelmente por ter criticado a ciência inferior de Jean-Paul Marat, uma figura de proa da Revolução Francesa. Um fim desafortunado para uma grande mente, embora isso não seja nada comparado à má sorte de um químico chamado Carl Scheele.

O homem mais azarado da história da química

Cavendish, Lavoisier e Priestley foram gênios de uma nova ciência, e outras pessoas rapidamente se juntaram à caçada. Todos queriam a glória de descobrir um novo elemento, embora concordar quanto a quem fez uma descoberta nem sempre seja óbvio.

Alguns elementos têm estado por aí desde a Antiguidade, por isso é impossível saber quem os descobriu originalmente. O Antigo Testamento contém passagens que remontam a 3 mil anos e mencionam ouro, prata, ferro, cobre, chumbo, estanho, enxofre (veja-se o Apêndice I) e possivelmente antimônio.[15]

Além disso há casos de alguém prevendo um elemento sem realmente obter uma amostra. John Arfwedson deduziu que havia um elemento oculto dentro da pedra de petalita e chamou-o de *lithium*, lítio a partir do grego *lithos*, pedra, mas foi somente em 1821 que William Brande o extraiu.[16]

Para evitar confusão e decidir debates tendemos a falar sobre a primeira pessoa a *isolar* um elemento, em vez de descobri-lo. O mérito vai para a primeira pessoa que consegue ter uma amostra pura de um elemento e o reconhece como tal. O que nos leva ao químico suíço Carl Scheele.

Em 1772, Scheele produziu com sucesso um pó marrom, que chamou de *baryte*, barita, do grego *barys*, que significa pesado. Ele sabia que havia um elemento escondido dentro, bário, mas foi Humphry Davy que o isolou e obteve a glória.

Em 1774, Scheele descobriu o gás cloro (do grego *chloros*, que significa verde), mas não se deu conta de que era um elemento. Foi novamente Humphry Davy que fez essa associação em 1808, assim obtendo o mérito.

Nesse mesmo ano, Scheele descobriu o óxido do minério pirolusita, mas deixou de isolar o manganês elementar que estava dentro dele, o que foi realizado alguns meses depois por Johan Gahn.

Depois isso aconteceu de novo em 1778, quando Scheele identificou o molibdênio, que foi isolado por Peter Hjelm. E novamente em 1781, quando deduziu a existência de tungstênio, mas não o isolou antes de Fausto Elhuyar, que recebeu o mérito.[17]

Scheele chegou até a descobrir o oxigênio, em 1771 — três anos antes de Priestley —, mas a publicação do seu manuscrito foi adiada na gráfica e, quando finalmente veio à luz, Priestley já tinha divulgado seus resultados.[18]

Para comemorar suas muitas contribuições para a química, o mineral scheelita foi nomeado em homenagem a ele... até que foi oficialmente renomeado tungstato de cálcio, e Scheele foi mais uma vez empurrado para fora dos livros de história. Se há um deus da química, ele aparentemente detesta Carl Scheele.

2. Indivisível

Diamantes, amendoins e cadáveres

Em 1812 o químico alemão Friedrich Mohs inventou uma escala de 1 a 10 para classificar a dureza de minerais. Esmalte dentário tem um escore de 5, por exemplo, enquanto ferro se classifica como um 4. Isso significa que tecnicamente seus dentes irão amassar um pedaço de ferro, mas não o contrário. Mas eu não lhe recomendo experimentá-lo, porque você vai se arrepender se acidentalmente morder aço (ferro com impureza de carbono), que tem uma dureza de cerca de 7,5.

Os diamantes receberam um valor de 10 porque eram as coisas mais duras conhecidas na época. Esse título só foi derrubado em 2003, quando um grupo de pesquisadores do Japão conseguiu produzir algo ainda mais duro — um hiperdiamante.

A explicação mais comum para como os diamantes se formam é que carvão (planta fossilizada) é comprimido no subsolo até se tornar duro e transparente. Isso foi o que todo mundo ouviu na escola primária, mas é um mito completo. Diamantes se formam num ambiente muito mais extremo.

No mesmo ano em que hiperdiamantes foram fabricados, Hollywood também pariu uma criação inacreditável: *O núcleo — Missão ao centro da Terra*, o qual é preciso ver para crer. Alguns pontos altos do filme envolvem um homem hackeando toda a internet global a partir de um laptop, luz solar derretendo a ponte Golden Gate e Hilary Swank pousando um ônibus espacial no vale de San Fernando.

Uma cena em particular se destaca para mim. Uma equipe de cientistas é enviada ao manto da Terra para detonar o seu núcleo e se vê esquivando-se de diamantes do tamanho de edifícios.[1]

O interessante em relação a essa cena é que, embora diamantes gigantes sejam improváveis, ela é, sob os demais aspectos, bastante correta. Diamantes são realmente formados no manto da Terra, não na crosta.

Um diamante é feito unicamente de carbono, e são necessários bilhões de anos para que um deles se desenvolva. As plantas contêm carbono, mas não existem há tempo suficiente para criar as gemas que extraímos de minas atualmente. A fusão de carbono num cristal também requer uma quantidade assombrosa de pressão e temperatura — muito mais do que poderíamos obter numa crosta planetária.

Os diamantes são realmente feitos a profundidades de algumas centenas de quilômetros no manto superior, onde as pressões são centenas de milhares de vezes maiores que as atmosféricas e as temperaturas são comparáveis à da superfície do Sol. Depois de formados, os cristais são vomitados para a superfície em erupções vulcânicas, que se solidificam, e acabamos por desenterrá-los.

O mito das plantas comprimidas provavelmente surge porque também mineramos carvão e isso *é* feito a partir de plantas sob pressão e calor, mas ele se forma a temperatura e pressões inadequadas para diamantes.

É também verdade que um se transforma no outro, mas é o oposto do que o mito assegura. Diamantes são ligeiramente instáveis e se decomporão em carvão ao longo de milhares de anos. Portanto, a pergunta óbvia é: poderíamos inverter o processo?

Em 2003, Tetsuo Irifune, do Instituto de Tecnologia de Tóquio, decidiu tentar comprimir carvão para transformá-lo num diamante de verdade. Usando o equivalente a uma panela de pressão, Irifune pegou um pedaço de carbono semelhante a carvão e submeteu-o a pressões muito superiores às que obteríamos no manto. O resultado foi um hiperdiamante, uma substância química nunca antes vista na natureza.[2]

Hiperdiamantes terão um valor de Mohs superior a 10, mas o número preciso não foi calculado porque o pedaço original de carbono é tão comprimido que o hiperdiamante resultante é minúsculo. Estamos falando de alguns milionésimos de grama.

Mas não precisamos usar carvão como nosso material inicial. Dan Frost, do Instituto Geológico da Baviera, na Alemanha, conseguiu fazer um diamante comprimindo manteiga de amendoim,[3] e a companhia LifeGem, localizada em Illinois, pode lhe fazer diamantes artificiais comprimindo as cinzas de um ente querido seu. Contanto que você tenha o carbono, ele pode ser cristalizado.

O fato de carvão, diamante e hiperdiamante serem todos feitos do mesmo elemento e, no entanto, terem propriedades diferentes (referimo-nos a eles como "alótropos de carbono") sugere que os elementos podem de algum modo se arranjar de diferentes maneiras.

Para explicar esse fenômeno, teremos de olhar atentamente para a noção de algo semelhante a diamante ou "indivisível". E em grego antigo a palavra para indivisível é uma que você provavelmente já conhece: átomo.

O homem que provou a existência de Deus

Imagine que você está segurando um grão de areia entre as pontas dos seus dedos. É difícil discernir detalhes a olho nu, mas logicamente o grão teria duas metades: um hemisfério esquerdo e um direito. Você pode imaginar uma faca pequena o suficiente para cortar o grão ao meio, dividindo-o em dois. Em seguida, uma vez que tivesse essas metades de grão, você poderia repetir o processo, cortando-os em quartos de grão e assim por diante.

Teoricamente, poderíamos fazer isso para sempre. Não importa quão pequeno o fragmento de grão, sempre seríamos capazes de aumentar o zoom e dividi-lo ao meio novamente.

A alternativa não faria sentido. Imagine-se cortando um grão tão pequeno que ele não teria mais uma metade esquerda ou direita. Um pedaço tão pequeno que não tivesse nenhum lado e simplesmente *fosse*. Para um objeto como esse, o próprio conceito de dividir em dois seria sem sentido. Seria como tentar dividir por dois numa máquina de calcular e a máquina responder: "Sinto muito, você atingiu a menor das coisas, não pode dividir mais". Você teria de estar louco para sugerir a existência de um objeto menor. Hora de Demócrito entrar em cena.

Demócrito foi um filósofo/comediante de *stand-up* que viveu no século v a.C., e ele levou a ideia de substâncias elementares muito a sério. Acreditava que tudo era feito de pedaços microscópicos indivisíveis (átomos) que se combinavam para fazer o mundo à nossa volta.

Digamos que você tem um pacote de M&M's. Em vez de comê-los em punhados misturados, todo ser humano sensato os divide em pilhas organizadas por cor e come uma pilha de cada vez. Não confie em ninguém que faça diferente.

Esse peneiramento de uma mistura para obter pureza é o que estamos realmente fazendo quando decompomos uma substância em seus elementos; estamos agrupando os átomos segundo o tipo. Isso explicaria também de onde vêm os alótropos. Diamante, carvão e hiperdiamante poderiam todos ser feitos de átomos de carbono empilhados e arranjados de maneira diferente, levando-nos a várias propriedades.

E, como se a hipótese do átomo não fosse suficientemente estranha, Aristóteles mais tarde usou a ideia de Demócrito para provar a existência de Deus. Como os átomos estavam constantemente em movimento, quicando uns contra os outros e voando através do vazio entre eles, o movimento de cada átomo podia ser retraçado a uma colisão com um átomo anterior, cujo movimento podia ser explicado como uma colisão com um ainda mais anterior. Causa levava a efeito e todo efeito tinha uma causa anterior.

Se você recuasse o suficiente, devia ter havido um primeiro movimento que causou tudo, mas que não teve causa ele mesmo. Tal coisa (uma causa não causada) estaria fora das leis normais da natureza embora sendo ainda capaz de influenciá-las. Em outras palavras, Deus.[4] Faça dessa ideia o uso que bem entender.

Senhor do pântano

Infelizmente, junto com muitas outras excelentes ideias, a hipótese atômica de Demócrito foi engavetada quando o Sacro Império Romano se apoderou da Europa intelectual. Foi só no fim do século XVIII que os átomos receberam atenção séria, graças ao trabalho de um cientista inglês chamado John Dalton.

Aos doze anos de idade, a maioria das pessoas na Inglaterra está se familiarizando com o fato de ser um aluno de uma escola do ensino médio. John Dalton já lecionava em uma. Filho de um tecelão, ele já tinha aprendido sozinho ciência, matemática, inglês, latim, grego e francês, e alcançou o posto de diretor de escola no fim da adolescência.[5]

Mas não se deixe enganar. Embora um acadêmico arrebatado, Dalton ainda sabia como se divertir e, como qualquer jovem, passava suas horas vagas coletando amostras de gás do pântano de charcos da região. Surpreendentemente, nunca se casou.

Foi ao queimar essas amostras de gás que Dalton aprendeu que gases não reagem de maneira indiscriminada, mas se combinam em proporções específicas. Hidrogênio e oxigênio, por exemplo, sempre se combinam numa proporção de dois para um e nada mais. Se tivermos três vezes mais hidrogênio que oxigênio, acabamos com um terço de nosso hidrogênio sobrando no fim. É como se houvesse apenas uma quantidade limitada de "bits" de oxigênio para repartir.

Dalton decidiu que a melhor maneira de explicar essas descobertas era supor que havia partículas minúsculas formando cada gás elementar. Graças à sua proficiência em grego, estava familiarizado com a obra de Demócrito, e começou a se referir a essas partículas como átomos.

A ideia, contudo, não foi amplamente aceita. Dalton tinha o hábito de complicar demais as coisas e o livro que publicou em 1808 para esboçar sua hipótese era de leitura notoriamente difícil.[6] Suas ideias eram rigorosas, mas suas explicações eram enfadonhas e sua química, complicada.

Não obstante, Dalton era enormemente respeitado e recebeu o privilégio de ser apresentado ao rei Guilherme IV. Isso também o levou a cometer a maior gafe de sua carreira. Sendo quacre, Dalton era proibido de usar roupas escarlate, que vinha a ser a cor da túnica exigida para encontrar o rei. Mas era também daltônico (foi a primeira pessoa a documentar a existência do distúrbio, daí o nome), e os organizadores do evento "esqueceram" de lhe dizer que estava usando uma túnica que ofenderia seus companheiros quacres.[7]

Assim, Dalton saiu desfilando diante de outros quacres com as roupas mais ultrajantes imagináveis. A falta de sorte de ser simultaneamente daltônico e quacre e estar publicamente vestido de escarlate é notavelmente infeliz. Em algum lugar, num canto escuro do purgatório, Carl Scheele deve estar rindo consigo mesmo.

Sob pressão

O verdadeiro divisor de águas para a hipótese atômica veio em 1899, quando o físico francês Émile Amagat começou a fazer experimentos com câmaras de pressão. Amagat passara a juventude baixando amostras de gás em poços de minas para medir o quanto elas ficavam comprimidas, e na idade adulta havia projetado máquinas sofisticadas capazes de comprimir gases até 3 mil vezes mais que nas condições atmosféricas.

Por meio desses experimentos ele descobriu que havia um limite para quanto um gás podia ser comprimido. Depois de certo ponto, o gás contra-atacava e se recusava a ficar menor.[8] Isso não podia ser explicado com a hipótese das partículas infinitamente menores. Se a matéria *era* feita de pedaços infinitamente pequenos, então qualquer gás conteria um número infinito de brechas entre eles também. Por mais que comprimíssemos um gás, haveria sempre espaço suficiente em que a matéria poderia cair.

O físico Robert Boyle, filho do conde de Cork, havia conduzido experimentos sobre pressão do gás e argumentava que era possível comprimir um gás para sempre, exatamente por essa razão. A pesquisa de Amagat mostrava o contrário. Um gás tinha uma quantidade fixa de matéria, o que significava que ele provavelmente não era feito de uma infinidade de partículas menores.

Combinando-a com as descobertas de Dalton sobre gás do pântano, Amagat fez com que a ideia de átomos se parecesse menos com uma hipótese e mais com uma teoria — algo que tem evidências a seu favor. No entanto, havia um grande problema, ou melhor, um problema muito pequeno. Para dar sentido às interpretações de Amagat, era preciso aceitar que os átomos eram muito pequeninos. Inconcebivelmente pequenos.

Imagine olhar para o planeta Terra do espaço e tentar identificar uma única uva em sua superfície. Isso é o equivalente a olhar para uma uva e tentar identificar um único átomo em sua casca.

Se átomos fossem reais, eles teriam de ser tão pequenos que mesmo ondas de luz visível seriam grandes demais para rebater neles. Por mais potente que fosse um microscópio, seria impossível discernir átomos pela própria natureza deles. O ofício dos cientistas é testar teorias uma vez que elas tenham sido estabelecidas, mas como seria possível testar esta? Como seria possível ver o invisível?

Einstein esteve aqui

Albert Einstein foi uma lenda durante sua vida. O mais impressionante é que ele merecia a reputação. Tendo publicado mais de trezentos artigos científicos e basicamente inventado a paisagem da física moderna, Einstein foi o epítome do gênio.

Seria tolice resumir suas realizações em alguns parágrafos, por isso vamos nos concentrar na mais relevante para a química: um artigo que ele publicou em 18 de julho de 1905, no qual tornou a hipótese atômica passível de teste, em vez de especulativa.

Enquanto trabalhava no departamento suíço de patentes, Einstein esbarrou com uma pesquisa de 1827 realizada pelo botânico escocês Robert Brown. Este havia notado que grãos de pólen que flutuavam na água pareciam se sacudir em padrões aleatórios. Originalmente, ele tinha suposto que os grãos estavam vivos, mas descobriu que a mesma coisa acontecia com areia ou poeira. O fenômeno era conhecido como movimento browniano e, embora inexplicado, não passava de uma curiosidade.

Einstein decidiu modelar a trajetória do pólen através da água e descobriu que ela só podia ser explicada como o resultado do bombardeio de partículas de água. Para descrever com precisão como o pólen se movia, era preciso levar em conta a fricção do pólen contra a água, o que significava que era preciso aceitar a existência de "átomos da água".

Apesar dos persistentes boatos de que levou bomba em matemática na escola, Albert Einstein era um matemático por excelência e elaborou uma equação que relacionava a temperatura da água com o provável movimento do grão de pólen. Ao introduzir uma equação com um resultado mensurável, Einstein mudou o jogo completamente. Uma ideia pode ser debatida, mas um número não; assim, se podemos prever um valor específico a partir de nossa hipótese, temos algo para procurar diretamente.

Ele concluiu seu artigo com a frase: "É de esperar que algum inquiridor possa conseguir em breve solucionar o problema aqui sugerido".[9] Como costumava acontecer com Einstein, sua equação logo foi testada e confirmada. O zigue-zague não era de modo algum aleatório, mas sim o resultado de pequenas flutuações no movimento da água em ambos os lados do grão. O pólen parecia estar sofrendo constantes colisões porque genuinamente era o que estava acontecendo.

Ao descobrir isso, Einstein fez pela hipótese atômica o que Lavoisier fez pela hipótese elementar: forneceu provas inegáveis, quantitativas. Não se podia mais falar sensatamente dos elementos sem átomos, ou vice-versa. Não havia o que discutir. Os átomos eram reais.

3. A metralhadora e o pudim

O menor filme da história

Em 1989 pesquisadores na IBM ampliaram os limites do marketing ao criar uma escultura do logo da companhia usando apenas 35 átomos. Depois, em 2013, foram ainda mais longe e criaram um filme de sessenta segundos, *A Boy and His Atom* [Um menino e seu átomo], desenhando imagens com átomos e animando-as por meio da técnica de quadro a quadro, ganhando um recorde mundial do Guinness para o menor filme quadro a quadro.

Tomando centenas de fotografias em diferentes posições e passando-as em alta velocidade, os pesquisadores da IBM foram capazes de contar a história de um boneco de palitos que brinca com seu átomo de estimação. Não foi algo fácil de fazer, porque, como dito no capítulo anterior, os átomos são pequenos demais para serem vistos.

O truque para o filme deles é que cada fotografia dos modelos atômicos não é realmente uma fotografia. Elas são imagens obtidas de um microscópio de tunelamento por varredura (STM, na sigla em inglês), um aparelho que nos permite examinar algo a distâncias menores do que a luz visível pode alcançar.

Imagine que você esteja parado ao lado de um buraco escuro e deixe cair uma pedra sobre a borda. Cronometrando quanto tempo ela leva para chegar ao fundo, você poderia calcular a profundidade do buraco sem ser capaz de vê-la. Os STMS funcionam com base num princípio semelhante.

A ponta funcional de um STM não é uma lente, mas um bico fino com minúsculas partículas agarradas à extremidade. Essas partículas estão frouxamente presas, de modo que, quando você aplica uma corrente elétrica, elas caem e pousam sobre a superfície abaixo. Ao caírem, elas perdem certa quantidade de energia, que o STM pode medir, calculando quão afastada a superfície está.

Varrendo um objeto para a frente e para trás com a ponta do STM, quaisquer irregularidades corresponderão à perda de uma quantidade diferente de energia, e o STM pode criar indiretamente um mapa de como deve ser o objeto.

A filmagem de *A Boy and His Atom* foi levada a cabo criando-se uma lâmina plana de cobre e prendendo partículas de monóxido de carbono a ela em posições específicas. À medida que o microscópio escaneava através do cobre, ele detectava esses monóxidos de carbono como pontos numa imagem em Braille e criava a imagem correspondente no computador.[1]

É uma ideia original, mas como ela é possível? Para detectar o contorno de um átomo, nosso STM precisaria estar deixando cair partículas ainda menores que átomos. Onde podemos encontrar partículas tão pequenas?

Me chame de "J. J."

Na virada do século XX, a principal atividade de todo físico sério era tentar compreender a eletricidade. Havia duas hipóteses principais do século xix sob consideração, cada uma apoiada por alguns dos maiores nomes na ciência. Num canto estava o lendário Hermann von Helmholtz, um partidário convicto das partículas. Ele sustentava que, como arcos de eletricidade projetam sombras, por exemplo, ela tinha de ser feita de matéria — átomos elétricos.

Liderando a oposição estava seu aluno Heinrich Hertz, que preferia explicar as coisas com campos de força invisíveis. Tendo demonstrado recentemente que campos magnéticos podiam ser usados para curvar a trajetória de uma corrente elétrica, Hertz sustentava que a eletricidade também tinha de ser uma perturbação em algum tipo de campo elétrico.[2]

A polêmica travada entre eles foi inflamada, embora Helmholtz e Hertz tenham permanecido bons amigos até o fim. Infelizmente, ambos morreram em 1894, pouco antes que a questão fosse finalmente decidida por um brilhante físico britânico chamado Joseph John "J. J." Thomson. Era Helmholz quem tinha razão.

J. J. Thomson foi, segundo a voz geral, um menino prodígio da ciência. Foi admitido na Universidade de Manchester aos catorze anos e mais tarde designado para o mais prestigiado posto de física na Grã-Bretanha, sucedendo lorde Raleigh na cátedra Cavendish de Física Experimental da Universidade de Cambridge.

Os detalhes precisos dos experimentos de Thomson com eletricidade são muito matemáticos, mas a premissa é simples. Encha uma pequena câmara de gás e conecte duas pontas de um circuito à frente e atrás. Numa alta voltagem, é possível gerar correntes de eletricidade através do gás e, se colocarmos magnetos em certos pontos, conseguiremos manipular seu comportamento.

Realizando uma variedade de estudos sobre esse tema, Thomson fez várias observações decisivas. A mais importante foi que a eletricidade se movia lentamente. A hipótese de campo de Hertz previa que eletricidade deveria se mover à velocidade da luz, mas as medições de Thomson a registraram como praticamente lenta, em comparação. Isso significava que a eletricidade tinha massa, sendo portanto feita de partículas.

O cientista irlandês George Stoney chamou essas partículas de *electrons*, elétrons, do grego *electron*, que significa âmbar (o qual pode ser esfregado para criar choques de eletricidade estática), e o nome pegou. Mas os elétrons eram notavelmente diferentes de outras partículas.

Para começar, os átomos descobertos por Dalton e Einstein eram duas mil vezes maiores. De fato, era possível disparar uma corrente de elétrons através de uma placa de ferro sólido porque eles podiam aparentemente passar através das brechas.

Átomos normais também ficam felizes por se aproximar uns dos outros, ao passo que elétrons se repelem ativamente. Essa propriedade repulsiva foi chamada de carga e, com toda a sinceridade, ainda é um mistério. Podemos medir sua influência e descrever o mecanismo que leva um elétron a repelir outro, mas ainda não se compreende por que elétrons têm carga.

Mais premente para Thomson era saber de onde vinham os elétrons. As baterias são compostas de átomos comuns (maiores e mais volumosos), portanto os elétrons tinham de estar escondidos de alguma maneira dentro deles. Ao que parecia, os átomos não eram as menores coisas afinal de contas — eles continham elétrons. Então como era possível que os átomos não tivessem essa propriedade de carga? Se os elétrons dentro deles estavam se repelindo, como dois átomos eram capazes de se aproximar um do outro e até se ligarem?

Thomson concluiu que os átomos tinham de conter alguma substância adicional com uma anticarga, cancelando a carga do elétron e dando aos átomos a aparência de serem neutros no todo.

Ele propôs que os elétrons estavam aninhados dentro de uma espécie de esponja atômica. Se você fatiar um segmento de um átomo, verá os elétrons arranjados como ameixas num pudim de Natal. Mais ou menos assim:

Deliciosos elétrons no interior

Os elétrons e a massa tinham cargas opostas e atrativas, razão pela qual era preciso tanto esforço para extrair eletricidade de um átomo — era necessário arrancar elétrons de sua massa complementar.

O modelo do átomo de Thomson foi chamado de "a hipótese do pudim de ameixa", um nome bastante fácil de lembrar.

A importância de se chamar Ernest

O nome átomo tinha pegado na altura em que Thomson publicou seu trabalho, o que é uma pena, porque ele é notoriamente enganoso. As coisas que chamamos de átomo não são indivisíveis em absoluto, nem são as menores que existem. São apenas estruturas estáveis que preferem não ser desmontadas.

Os elétrons são as partículas verdadeiramente indivisíveis e, até onde Thomson pôde perceber, estavam suspensos numa massa de carga oposta. Mas a ciência avança refutando uma hipótese, não a provando, e a ideia do pudim de ameixa foi finalmente despedaçada por Ernest Rutherford, um aluno de Thomson.

Criado numa fazenda de ovelhas na Nova Zelândia, Rutherford era conhecido por rejeitar equipamentos caros e realizar experimentos ridículos porque ninguém mais os estava fazendo. Mas como sua abordagem não ortodoxa lhe valeu o prêmio Nobel de Química de 1908, as pessoas tendiam a deixá-lo ir em frente com ela.

Ele ganhou o prêmio por descobrir que átomos maiores podiam cuspir pedacinhos minúsculos, que ele chamou de partículas alfa, que são muito mais pesadas que elétrons e carregam a carga oposta.

Rutherford supôs que isso acontecia porque a massa atômica repelia a si mesma e, quando os átomos eram grandes, aumentava a probabilidade de instabilidade autorrepulsiva, levando finalmente a uma explosão. As partículas alfa que ele descobriu seriam supostamente pedacinhos de massa atômica cuspidas pelas microexplosões.[3] A maioria das pessoas teria aceitado o prêmio Nobel e seguido em frente, mas Rutherford era cientista até o fim. Ele queria pôr sua própria hipótese no cepo e ver se podia refutá-la. Assim, contratou o melhor experimentalista do mundo, Hans Geiger, e juntos desenvolveram um método para sondar o interior de um átomo.

Tendo descoberto que partículas alfa produziam pequeninos flashes de luz quando atingiam um pedaço de sulfeto de zinco (ZnS), passaram inúmeras horas sentados num aposento escuro disparando partículas alfa em ZnS, procurando flashes através de uma lente.

Como o tédio era insuportável, Geiger inventou um contador eletrônico que detectava os impactos automaticamente. Sua invenção foi o crepitante contador Geiger, usado em mil filmes de espionagem desde então.

Uma manhã de 1909, Geiger foi ver Rutherford para falar sobre um dos promissores alunos de graduação de ambos, Ernest Marsden. Marsden tinha somente vinte anos, mas vinha ganhando reputação por sua excepcional destreza no laboratório.

Geiger queria lhe dar um novo projeto, por isso Rutherford, em seu típico estilo extravagante, sugeriu algo peculiar: "Por que não deixá-lo ver se alguma partícula alfa pode ser espalhada através de um ângulo grande nos experimentos da folha de ouro?".[4]

Os experimentos da folha de ouro tinham sido projetados alguns anos antes. Pegando um pedaço de rádio (um metal altamente cuspidor de alfa) e apontando-o para uma folha fina, era possível disparar partículas alfa através da folha. Colocando um detector do outro lado era possível medir o quanto as partículas eram afetadas pela folha e ter pistas sobre a densidade da massa atômica. O melhor metal era ouro porque podia ser esticado numa lâmina com apenas poucos átomos de espessura. O arranjo tinha essa aparência:

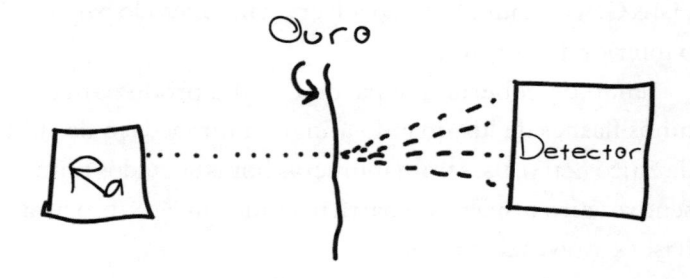

Por alguma razão, Rutherford quis que Geiger e Marsden pusessem o detector em ângulos enormes em relação à lâmina, em vez de diretamente do outro lado. Geiger deve ter ficado perplexo, já que certamente o detector não leria nada, mas, dada a reputação de Rutherford (a medalha do prêmio Nobel na sua escrivaninha provavelmente ajudou também), apenas deu de ombros e pôs Marsden para trabalhar. Já no dia seguinte, a excentricidade de Rutherford deu frutos.

O detector começou a identificar partículas alfa espalhadas até quando era deslocado para o *mesmo lado* da fonte alfa. Isso não podia ser explicado com a hipótese do pudim de ameixa, pois como uma partícula alfa poderia ser repelida pela massa? Seria como instalar uma metralhadora para atirar num pudim de ameixa real e ter as balas retornando e acertando-o na cara. Você esperava que elas atravessassem o pudim e atingissem a parede oposta, então por que está agora no hospital? E que explicação vai dar para a enfermeira na recepção?

Rutherford descreveu isso em termos similares: "Foi o evento mais incrível que já me aconteceu na vida. Era quase tão incrível quanto se você disparasse um projétil contra um pedaço de papel de seda e ele voltasse e o atingisse".[5]

Os resultados foram publicados em fevereiro de 1910 e no ano seguinte Rutherford tinha feito os cálculos. Só havia uma explicação possível para o resultado: o átomo não consistia inteiramente numa esponja macia, mas tinha caroços duros contra os quais as balas ricocheteavam. O pudim de ameixa aparentemente continha nozes.

Essas nozes eram muito provavelmente pequenas e agrupadas num lugar dentro do átomo, já que apenas alguns saltos eram detectados para cada mil balas. Faria sentido também que tivessem a mesma carga que as partículas alfa para espalhá-las quando impactadas, para não mencionar manter os elétrons no lugar.

Rutherford chamou esse aglomerado de partículas de *nucleus*, núcleo, latim para noz, e propôs que elétrons o orbitavam como os planetas em torno do Sol. A ideia do pudim de ameixa de Thomson teve de ser abandonada. Era engenhosa, mas não tinha nenhuma evidência a seu favor e, em ciência, zero evidência significa zero teoria.

Você quer enlouquecer? Vamos enlouquecer!

Será que Rutherford teve um palpite com relação ao núcleo ou estava apenas brincando quando sugeriu deslocar o detector? Estava tentando pensar em alguma tarefa para Marsden e essa foi a única coisa que conseguiu sugerir assim de repente?

Pessoalmente, gosto de imaginar Marsden pondo o detector do lado errado como um atrevido dedo médio para Rutherford. Aqui estava esse grande homem dando-lhe uma tarefa estúpida para executar. Oh, você quer ângulos largos? Que tal o lado errado da folha? Isso é largo o bastante para você, Rutherford?

Provavelmente nunca saberemos, mas o que quer que tenha acontecido naquele laboratório, e o que quer que tenha passado pela mente dos três homens, os resultados tornaram-se uma parte do conhecimento científico.

Ainda havia, porém, uma exasperante questão que precisava de resposta. A ideia de Rutherford era que o núcleo continha partículas com uma carga oposta à do elétron, mas, se era assim, por que ele não estava se destroçando? Partículas com a mesma carga se repelem umas às outras, portanto o núcleo não deveria existir de maneira nenhuma. A resposta foi descoberta por outro dos alunos de Rutherford, James Chadwick, em 1932.

Usando um pedaço de polônio, que sabidamente emitia partículas alfa, Chadwick bombardeou um fragmento do metal berílio e colocou um pouco de cera do outro lado para amortecer qualquer impacto.

Cada vez que havia uma emissão a partir do polônio, alguma coisa dentro do berílio saía voando pelo outro lado, como se uma colisão de bolas de bilhar estivesse acontecendo dentro dos núcleos. Essas partículas emitidas eram obviamente pesadas, mas não se repeliam umas às outras, o que significava que tinham de ser carregadas de forma neutra.

Elas também tinham alguma propriedade adesiva que mantinha partículas carregadas juntas com força suficiente para impedir que se repelissem umas às outras.

A noz do átomo era aparentemente feita de dois tipos de partícula. Nêutrons (as neutras), que tinham a propriedade adesiva, e prótons (da palavra grega para primeiro) carregados, que mantinham os elétrons no lugar. Pesquisas adicionais realizadas por Niels Bohr, Werner Heisenberg e Oskar Klein aprofundaram as descobertas de Rutherford, e a concepção popular do átomo foi finalmente estabelecida.

Os átomos eram como sistemas solares. Prótons e nêutrons formavam o núcleo central com elétrons com cargas opostas zunindo em torno da borda, sem aparentemente nada entre eles.

Se você imaginar a expansão de um átomo para o tamanho de um estádio de futebol, um elétron passaria a ter o tamanho de um cisco, enquanto os prótons e nêutrons estariam amontoados juntos num núcleo aproximadamente do tamanho de uma bola de golfe pairando no centro.

   A conclusão mais estranha disso é que a maior parte de um átomo é espaço vazio. Mesmo algo como ósmio, o elemento mais denso, é aparentemente 99% nada. Tal como você.

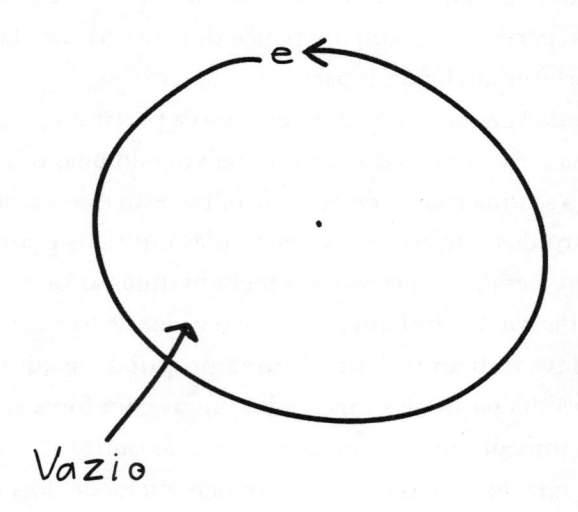

Elementos ocultos

Em *O homem de aço*, um dos filmes do Super-Homem, a espaçonave que traz Kal-El para a Terra é analisada por químicos que descobrem que ela é feita de elementos que não se encaixam na tabela periódica.[6] Esta constitui uma lista de todos os elementos conhecidos, portanto os kryptonianos obviamente têm em seu planeta elementos diferentes dos nossos.

   A ideia de elementos ocultos é sedutora e foi lançada na ficção há décadas. Em "Os sonhos na casa da bruxa", de H. P.

Lovecraft, o protagonista descobre uma estatueta feita de um elemento que nenhum cientista consegue identificar.[7] Lovecraft foi inspirado por uma palestra de física a que assistiu no mesmo ano em que os nêutrons foram descobertos, mas poderiam coisas assim realmente existir? Poderia haver elementos exóticos escondidos em cantos desconhecidos do Universo?

Não que eu queira destruir essas histórias ficcionais, mas a resposta é não. Não é possível que existam elementos ocultos, por uma razão simples: os átomos não são atômicos. Sim, eu sei: oi? Como assim?

A palavra "átomo" deveria obviamente significar indivisível, mas são realmente os elétrons, prótons e nêutrons que correspondem a essa descrição. Contudo, o termo "átomo" já havia se consolidado, desse modo continuamos chamando-os assim, embora "superestruturas de elétrons, prótons e nêutrons" fosse uma designação mais precisa.

O menor átomo possível conteria logicamente um próton (e um elétron, uma vez que as cargas sempre se cancelam). Isso seria o elemento número 1, que veio a ser o gás explosivo de Cavendish — o hidrogênio.

O elemento seguinte teria dois prótons (mais alguns nêutrons para colá-los). Esse veio a ser o hélio. Não seria possível ter um elemento 1,5 entre eles porque não existe meio próton (ver Apêndice II).

Uma vez que você tenha uma lista de todos os elementos, pode ter certeza de que não deixou escapar nada, porque a natureza só é capaz de produzir átomos em números inteiros. Os elementos que encontramos na Terra são os mesmos que encontramos em toda parte no Universo. Que é para onde iremos no próximo capítulo.

Portanto sinto muito, Super-Homem, sua espaçonave é impossível. Curiosamente, porém, a criptonita é real. A fórmula química para ela é $LiNaSiB_3O_7(OH)F_2$, um mineral que foi descoberto numa mina na Sérvia em 2007.[8]

4. De onde vêm os átomos?

O lugar mais frio do universo

A escala de temperatura que usamos para nossa vida cotidiana foi inventada em 1742 por Anders Celsius. Ele tomou as temperaturas de congelamento e fervura de água, dividiu a escala em cem partes e deu a elas o nome de *centigrades*, centígrados, latim para cem degraus.

O termômetro original de Celsius definiu 100°C como congelamento e 0°C como fervura, mas isso foi invertido após sua morte e a escala foi renomeada como Celsius em sua homenagem. A escala Fahrenheit, mais amplamente usada nos Estados Unidos, foi inventada por Daniel Fahrenheit, que usou gelo e sal e criou uma escala que se elevava até a temperatura do corpo humano.

Seja qual for a escala que estejamos usando, o comportamento das partículas é o mesmo: quando aquecemos alguma coisa, a velocidade média de suas partículas aumenta. Como temperaturas mais elevadas levam as partículas a voarem mais, isso também nos diz que quando gases ficam mais quentes eles ocupam mais espaço. Inversamente, se partículas se tornam mais frias, elas ocupam um volume menor porque se movimentam menos. Gás mais quente = maior. Gás mais frio = menor.

Essa relação simples entre temperatura e volume é chamada de lei de Charles, em homenagem a Jacques Charles, o físico que a descobriu. Mas obviamente a relação não pode avançar para sempre. Se continuamos resfriando coisas cada vez mais, o volume encolhe, e assim deveríamos acabar alcançando uma temperatura em que o volume cai a zero.

A lei de Charles implica que há uma temperatura tão fria que as partículas não ocupariam nenhum espaço, efetivamente se extinguindo de repente. Essa temperatura hipotética é claramente impossível, por isso a chamamos de "zero absoluto", calculado em $-273,15°C$. É uma temperatura tão fria que teríamos de violar as leis da física para alcançá-la.

O lugar geralmente apontado como o mais frio na Terra é um ponto na Antártida perto do Dome Argus, cuja temperatura cai a $-93,2°C$ durante o inverno.[1] O vazio do espaço profundo tem uma temperatura média de $-270°C$, ao passo que a da Nebulosa do Bumerangue desce a $-272°C$, um grau acima do que é fisicamente possível.[2]

Mas o recorde de todos os tempos para o lugar mais frio do Universo fica aqui mesmo na Terra, no laboratório de Martin Zwierlein em Massachusetts, onde sua equipe foi capaz de sintetizar sódio-potássio, a substância química mais fria jamais criada.

Em geral, quando dois átomos se ligam (ver Capítulo 8), anexamos o sufixo -ido para qualquer dos elementos que não seja um metal, por exemplo óxido de ferro. Uma ligação entre dois átomos de metal, contudo, é tão rara que não inventamos um sistema de denominação para ela, daí o sódio-potássio, que soa bastante incomum.

O experimento de Zwierlein funciona enchendo-se uma câmara com átomos de sódio e potássio em estado gasoso e aquecendo-os a cerca de 7300°C. Aplicando-se um campo magnético através da câmara, os átomos perdem a capacidade de se mover em diferentes direções e começam a se emparelhar (um fenômeno conhecido como ressonância de Feshbach).

O passo seguinte é incidir no gás dois feixes de laser, um de alta energia e um de baixa energia. Quando atingidos pelo laser de alta energia, os átomos ficam estimulados e começam a brilhar na mesma cor do laser. A emissão de sua própria luz faz com que eles percam energia, é claro, então é aqui que o segundo laser entra em ação.

Por estar emitindo numa frequência mais baixa, ele serve como uma espécie de plataforma de aterrissagem para a qual os átomos podem cair. Os átomos continuam perdendo energia até se igualarem à frequência do laser inferior, levando a uma colossal queda da temperatura.

Zwierlein conseguiu despojar as moléculas de seu calor e baixou a temperatura para quinhentos bilionésimos de um grau acima de zero absoluto, o atual recorde mundial.[3] Mas como estudar materiais em sua temperatura mais fria nos revela muito sobre o modo como as partículas se comportam, queremos ir mais longe.

O problema com o experimento de Zwierlein é que ele o realizou na Terra e o campo gravitacional de nosso planeta puxa ligeiramente os átomos, fazendo com que sejam sacudidos, o que eleva a temperatura. A solução óbvia é, portanto, eliminar os efeitos da gravidade.

Esse é o objetivo do Laboratório de Átomos Frios, uma versão do experimento de Zwierlein que deverá ser realizada a bordo da Estação Espacial Internacional (ISS). Como a ISS está orbitando a Terra e mudando de direção constantemente, os efeitos da gravidade são em média zero. Poderia ser possível fazer os átomos caírem não apenas a bilionésimos de um grau, mas a trilionésimos.

As regras da astroquímica são claramente muito diferentes das regras da química na Terra, e é para o espaço que precisamos olhar em seguida para compreender, em primeiro lugar, de onde vêm os elementos.

Pois o que sabemos das estrelas?

Muitos séculos atrás, na província de Mileto, o grande filósofo Tales andava à toa por um campo escuro com os olhos voltados para as luzes salpicadas que nadavam através do céu. Não havia lâmpadas no século VI a.C., por isso Tales tinha uma visão perfeita do Universo com incontáveis estrelas que se estendiam de horizonte a horizonte.

Foi nesse momento, quando começava a se perguntar do que as próprias estrelas eram feitas, que ele deu um passo à frente, não encontrou nada senão ar e caiu num buraco. Enquanto ele desabava até o fundo, uma criada trácia veio correndo até a borda e riu dele: "Talvez você deva olhar para o chão, velhote, e não só para as estrelas!".[4]

Sei exatamente como ele deve ter se sentido. Uma vez vesti minhas calças com a parte de trás para a frente enquanto tentava resolver uma equação em minha cabeça. Cheguei até a fechar o zíper sem perceber e só descobri meu erro horas mais tarde, quando tentei enfiar a mão no bolso.

Séculos depois de Tales, o filósofo Aristóteles decidiu que as estrelas eram feitas de uma substância inalcançável chamada éter — o elemento sagrado dos deuses.[5] Uma bela hipótese, mas que seria absolutamente impossível testar, uma vez que, por definição, os deuses estão além do domínio humano.

Se seguíssemos a lógica de Aristóteles, haveria materiais inalcançáveis no Universo e, portanto, nenhum sentido em tentar compreender do que tudo era feito.

Infelizmente sua ideia pegou e as pessoas pararam de buscar respostas através da experimentação, baseando-se em conjecturas apenas. Essa tendência a confiar mais na opinião do que nos dados é a razão pela qual o progresso científico morreu por um milênio e ficamos empacados na idade das trevas. Assim, mandou bem, Aristóteles.

Brilha, brilha

A influência sufocante de Aristóteles finalmente começou a afrouxar em 1814, quando o físico alemão Joseph von Fraunhofer fez uma importante descoberta. Quando olhamos para um raio de luz emitido por uma chama, podemos dividi-lo com um prisma e revelar uma multidão de cores. É o mesmo efeito que gera um arco-íris.

O que Fraunhofer descobriu foi que nem todo raio de luz parece igual quando você o divide. Diferentes tipos de fogo produzem diferentes tipos de arco-íris.

Quarenta e cinco anos mais tarde, Robert Bunsen (o do bico) compreendeu as implicações dessa descoberta. Cada elemento emite um espectro particular quando queimado, como uma impressão digital única de arco-íris. Estudando a luz proveniente de um fogo ao usar o equipamento de Fraunhofer, era possível calcular exatamente quais átomos estavam presentes na reação.

Essa técnica, chamada espectroscopia, nos permite monitorar uma reação desde uma grande distância, assim, se virarmos nossos espectrômetros para as estrelas, deveríamos ser capazes de deduzir sua composição.

A mais interessante descoberta espectroscópica ocorreu em 1868, quando o astrônomo francês Pierre Janssen e o astrônomo britânico Norman Lockyer observaram simultaneamente uma assinatura elementar completamente nova na luz de nosso próprio Sol.[6] Ela não era igual a nenhum dos elementos conhecidos na Terra, por isso Lockyer denominou-a *helium*, hélio, do grego *helios*, que significa Sol. Vinte anos mais tarde, William Ramsay extraiu-o de rochas terrestres, fazendo dele o único elemento a ser descoberto no espaço antes que fosse isolado na Terra.[7]

O grande avanço seguinte aconteceu em 1925, quando a astrônoma americana Cecilia Payne-Gaposchkin conseguiu calcular que quantidade de cada elemento estava presente numa estrela típica.

Payne-Gaposchkin estudou astrofísica em Harvard com Harlow Shapley, um dos únicos astrônomos do mundo que permitiam que mulheres cursassem a disciplina, e escreveu sua tese de doutorado sobre as classes de estrelas identificadas por uma outra astrônoma, Annie Jump Cannon (possivelmente o maior nome da ciência).

Cannon estava concluindo seu catálogo de nove volumes quando Payne-Gaposchkin começou a examinar os dados. Sendo versada na nova ciência da mecânica quântica (o que a maioria dos astrônomos não era), Payne-Gaposchkin mostrou que as quantidades de cada elemento nas estrelas eram vastamente diferentes das quantidades encontradas na Terra. As estrelas não eram apenas planetas quentes, como fora sugerido pelo principal astrônomo do mundo, Henry Norris Russell, e sim algo inteiramente diferente.[8]

Na Terra, os elementos mais abundantes são oxigênio, silício, alumínio e ferro, mas as estrelas eram feitas quase inteiramente de hidrogênio e hélio. Os astrônomos Otto Struve e Velta Zebergs descreveram a pesquisa de Payne-Gaposchkin como "indubitavelmente a mais brilhante tese de doutorado em astronomia já escrita",[9] mas seu trabalho foi em grande medida desprezado (dou-lhe três chances de adivinhar por quê).

Henry Norris Russel chegou a aconselhá-la a não publicar os resultados porque eles a tornariam alvo de chacota, mas, reconheçamos, mudou de ideia quando repetiu os métodos dela e descobriu que ela estivera certa o tempo todo.

O Universo revelou-se quase inteiramente feito de hidrogênio e hélio. Os outros elementos dos quais derivamos todos os planetas são meramente traços de impurezas. Essa humilhante compreensão instigou o astrônomo Lewis Fry Richardson (ou talvez George Gamow, a origem não é clara) a escrever o seguinte poema em tributo à descoberta:

Twinkle, twinkle, little star,
I don't wonder who you are,
For by spectroscopic ken,
*I know that you are hydrogen.**

---

* Em tradução livre: "Pisca pisca estrelinha,/ Eu não me pergunto o que você é,/ Pois por saber espectroscópico,/ Sei que você é hidrogênio". (N. T.)

Incontáveis estrelas

Se você olha para o céu numa noite clara na zona rural, onde há menos poluição luminosa, pode ver uma fita pálida de luz estendendo-se de um lado ao outro do horizonte. Os gregos antigos pensavam que era leite do seio da deusa Hera e chamaram-na de *galaxias kyklos*, o círculo leitoso.

Hoje sabemos que essa corrente brilhante é feita de sóis. Tantos sóis que se torna impossível contá-los como pontos individuais de luz, por isso se encobrem numa bela névoa.

A noite está cheia do que normalmente pensamos ser a luz das estrelas, mas num sentido muito real é de luz solar que estamos falando. Nosso Sol, a fonte de toda a nossa energia, é somente um entre bilhões de outros orbitando o supermassivo buraco negro Sagitário A*.

Se você pudesse de alguma maneira ver nossa galáxia de fora, nem sequer saberia que o nosso Sol estava lá no meio do brilho. Seria como olhar para uma nuvem e tentar distinguir uma única gota d'água.

Há entre um e 400 bilhões de sóis na Via Láctea, mas é difícil saber ao certo, porque nunca estivemos fora dela para tirar uma fotografia. E nossa galáxia tampouco é especial. Em 964, o astrônomo persa Abd al-Rahman al-Sufi viu o que parecia uma nuvem dentro da constelação de Andrômeda. Mal sabia ele que tinha acabado de descobrir nosso vizinho galáctico mais próximo, o que foi confirmado em 1923 pelo astrônomo Edwin Hubble. Esse vizinho se encontra a cerca de 20 quintilhões de quilômetros de distância de nós e contém cerca de 1 trilhão de estrelas.

O telescópio que leva o nome de Hubble, orbitando silenciosamente nosso planeta 547 quilômetros acima do solo, sondou ainda além de Andrômeda e revelou mais de 170 bilhões de outras galáxias em nossa região do espaço.

Caso alguém perguntasse quantas estrelas há no Universo, a resposta pareceria cômica. Mesmo a estimativa mais baixa põe o número de estrelas em torno de 10 quatrilhões somente em nossa região.

Os únicos tipos de pessoas que falam em números tão grandes são crianças em idade pré-escolar, que não fazem ideia do quanto eles soam absurdos, e cientistas, que sabem exatamente quão absurdos os números soam.

Como as estrelas se formam?

A resposta usual para essa pergunta nunca faz justiça à verdade. Costuma-se dizer às pessoas que os sóis são ou fogos, ou bolas de gás em chamas. Ambas as concepções são tragicamente inadequadas. O mais perto que já chegamos de fabricar a estrutura de uma estrela aqui na Terra foi em 30 de outubro de 1961. E a raça humana ficou assombrada e aterrorizada ao detonar a bomba Czar na ilha russa de Severny.

Foi a mais poderosa explosão nuclear já realizada até hoje, com um raio de explosão de cerca de 35 quilômetros. Para efeito de comparação, nosso Sol equivale a aproximadamente 2 bilhões de bombas Czar detonando em uníssono, a cada segundo. Em um instante o Sol gera casualmente mais de 1 milhão de vezes a quantidade de energia que toda a nossa espécie consome em um ano.

Sua luz fornece a energia necessária para que nossas plantações cresçam, é seu calor que faz a água evaporar, dando-nos chuvas, e sua atração gravitacional é o que nos impede de nos desviarmos para o frio vazio do espaço. Não é exagero dizer que o Sol sustenta toda a espécie humana e lhe permite viver. E vai muito além disso.

Para compreender o que está realmente acontecendo precisaremos considerar os efeitos da força da gravidade, que tudo permeia e que costuma ser ignorada na química.

Toda matéria no Universo tem um campo de gravidade, o que significa que tudo está atraindo tudo o mais. Nós não sentimos, mas nossos corpos estão gravitando frouxamente para os objetos no aposento à nossa volta e eles, por sua vez, estão sendo atraídos em nossa direção.

A razão pela qual não percebemos esse efeito é que a gravidade é uma força muito fraca (é necessária a força de um planeta inteiro para manter as coisas no lugar), mas, apesar disso, é infinita e existiu desde o início.

No primeiro meio segundo depois que a expansão do big bang começou, as primeiras partículas chamadas fótons e neutrinos (Apêndice II novamente) começaram a colidir, formando os prótons, nêutrons e elétrons que já conhecemos. Algumas centenas de segundos depois disso, os prótons e nêutrons se juntaram, criando núcleos de hidrogênio e de hélio com um pouquinho de lítio e berílio (elementos 3 e 4). Depois, durante os 380 mil anos seguintes, nada aconteceu.[10]

Durante esse tempo o Universo foi um bufê de núcleos e elétrons flutuantes. Você não teria sido capaz de ver nada diante do seu rosto porque havia luz em todas as direções e a realidade teria se assemelhado a um nevoeiro leitoso.

Depois, após cerca de 1,6 milhão de anos, a temperatura caiu para amenos mil graus e elétrons foram agarrados por núcleos, formando nuvens de átomos de hidrogênio e hélio. O universo finalmente tornou-se transparente e a gravidade começou a exercer sua influência.

Quando as nuvens de hidrogênio/hélio começaram a ruir sob seu próprio peso, seus campos de gravidade tornaram-se mais concentrados, atraindo cada vez mais átomos para a mistura. Ao longo de milhões de anos, essas nuvens se condensaram em nós rodopiantes através do Universo, ficando cada vez mais quentes até que se agitaram num tal frenesi que os núcleos dos átomos começaram a se fundir.

A gravidade atraía as coisas para dentro enquanto o calor da fusão no núcleo empurrava para fora. Quando uma trégua entre essas duas forças foi finalmente alcançada, o resultado foi uma esfera estável de explosão nuclear. O primeiro sol.

O núcleo de um sol como o nosso alcança uma temperatura de cerca de 16 milhões de graus centígrados, quente o suficiente para vibrar átomos de hidrogênio e hélio uns contra os outros e esmagá-los em elementos mais pesados, como oxigênio e carbono. Estrelas maiores e mais violentas podem ir ainda mais longe, queimando átomos de carbono em magnésio e em seguida fundindo-se até chegar a ferro (elemento 26). É assim que os elementos leves são formados.

Hora de morrer

Dentro de 4 bilhões de anos, o hidrogênio em nosso Sol estará esgotado e as coisas começarão a esfriar. A pressão térmica a partir do interior não será mais quente o bastante para sustentar sua forma e a gravidade dominará, fazendo com que tudo se contraia.

Isso aumentará temporariamente a pressão do núcleo, dando-lhe um segundo fôlego momentâneo de calor e inflando o envoltório de gás em torno do exterior do Sol, tornando-o significativamente maior. Nesse ponto o raio do Sol se estenderá para abranger a Terra, queimando nosso belo planeta até reduzi-lo a cinzas.

Como já dissemos, porém, nosso Sol não é nada comparado com o que há lá fora. Quando grandes sóis chegam ao fim de suas vidas, algo muito diferente acontece. Uma estrela supergigante continuará queimando até que todo o seu núcleo tenha se convertido em ferro e, mais uma vez, o calor não pode sustentar as camadas externas e o colapso gravitacional ocorre. Mas dessa vez temos uma estrela maior e mais gravidade, por isso a contração acontece em segundos. O núcleo de ferro é denso demais para ser comprimido, assim, quando a camada externa encolhe, ela salta para fora do núcleo e a onda de choque causa uma explosão catastrófica, que dilacera a coisa toda em pedaços.

Nós a chamamos de supernova, e é durante essas violentas explosões de estrelas que átomos de ferro se fundem, gerando todos os elementos até o 92. O corpo da estrela foi destroçado de dentro para fora e os elementos pesados recém-formados são espalhados na poeira do espaço.

E então todo o processo se repete. Nuvens se formam, a gravidade faz com que se amontoem e sóis são gerados, com a diferença de que agora temos novos átomos na mistura. As nuvens não são mais apenas hidrogênio e hélio, mas coloridas misturas de elementos mais pesados também.

À medida que essa segunda geração de estrelas é tecida a partir dos cadáveres de supernovas, os elementos mais pesados são sugados para o campo de gravidade rotativo da estrela. Um tanto desse material é puxado para dentro do forno, mas grande parte dele forma um anel, cercando o sol como um fosso em torno de um castelo.

Punhados de metal e rocha se reúnem nos redemoinhos dessa corrente e finalmente se solidificam em planetas. Cada planeta num sistema solar é feito de átomos que começaram a vida dentro de uma estrela antiga, explodida em pedaços pelo horror colossal de uma supernova.

Isto tampouco é especulação. Graças à espectroscopia, testemunhamos tudo isso acontecendo. O Universo está verdadeiramente num ciclo de reencarnações estelares, com planetas e seus habitantes sendo gerados como subprodutos.

Filhos de poeira de estrelas

Há em muitas culturas histórias sobre como fomos extraídos da poeira da Terra e como compomos uma unidade com a natureza. O que a ciência nos dá é algo mais grandioso: a reafirmação de que essas histórias não são contos de fadas.

Os primeiros nove meses de sua vida envolveram sua mãe construindo você a partir dos alimentos que ela comia, mas os átomos nesses alimentos vinham da Terra e a Terra é feita dos restos de sóis mortos há muito tempo. Com a exceção do hidrogênio, todos os átomos em seu corpo começaram suas vidas no coração de um sol, o que significa que, como Carl Sagan certa vez observou, você é feito de matéria estelar.

As estrelas que você vê à noite não são objetos transcendentais feitos de éter como Aristóteles acreditava: elas são feitas do mesmo material que você. Elas são suas parentes distantes e, ao morrer, você retornará a elas. Quando chegar o momento da morte abrasadora de nosso planeta, seus átomos serão espalhados através do Universo e você se tornará parte de outro planeta, talvez até de outro ser vivo. Os humanos antigos que adoravam as estrelas talvez tenham sido sábios na escolha de seus deuses.

5. Bloco por bloco

Sabor recordista

Classificar substâncias químicas de acordo com suas propriedades foi uma meta por milhares de anos. Hoje usamos equipamento sofisticado, mas uma quantidade assombrosa de propriedades pode ser colhida usando nossos sentidos. A língua humana é coberta de receptores que se apresentam em pelo menos cinco variedades: azedo, amargo, salgado, doce e umami. Se a substância química com a forma certa se acopla com um receptor doce, por exemplo, um sinal é enviado ao cérebro e a comida é percebida como doce. Receptores de cheiro funcionam da mesma maneira, com a diferença de que há milhares de formas potenciais, permitindo-nos distinguir milhares de fragrâncias.

A comida em nossa boca é sentida pela língua e pelo nariz simultaneamente. Essa combinação de cheiro e gosto é o que dá a cada comida um "sabor". Isto é, com exceção de comidas picantes. Elas funcionam por acidente.

Da mesma forma que ocorre com o gosto, sua boca também precisa monitorar a temperatura para que você não consuma coisas quentes demais. Os sensores de calor em seu corpo têm nomes como "receptores TRPVI" e há um grande número deles na língua e no intestino. Certas substâncias químicas são coincidentemente moldadas de tal maneira que elas disparam os sensores de calor e dizem ao nosso cérebro que a área é quente, ainda que o resto de sua boca esteja fria. A confusão que resulta disso é o que percebemos como sabor picante.

Em 1912, o cientista americano Wilbur Scoville inventou um teste para medir matematicamente o sabor picante, e ainda o usamos hoje. A substância química é dissolvida em água repetidamente, até que não possa mais ser sentida por um grupo de voluntários. O número de diluições requeridas para tornar o gosto imperceptível é então expresso como uma Unidade de Calor Scoville (SHU, na sigla em inglês).

Como a língua é boa para sentir até mesmo traços de uma substância química, os valores de SHU são tipicamente enormes. O óleo de uma pimenta-jalapeño torna-se indetectável após cerca de 8 mil diluições, por isso os jalapeños recebem um SHU de 8 mil, enquanto algo como molho Tabasco obtém um escore mais próximo de 50 mil.[1]

A pimenta mais picante do mundo no momento em que escrevo é a Dragon's Breath, criada pelo mestre de condimentos galês Mike Smith e detentora de um SHU de mais de 2,4 milhões.[2] Isso é basicamente o mesmo que spray de pimenta. Essa pimenta é tão picante que desencadearia um choque anafilático se você a comesse, mas isso não é nada comparado à substância química mais picante do mundo: resiniferatoxina.

Produzida no látex de plantas *Euphorbia resinifera*, ninguém jamais realizou testes de gosto com a resiniferatoxina porque ela é extremamente tóxica e causa severas queimaduras na pele, o que significa que é preciso calcular seu SHU indiretamente.

Um estudo realizado (em ratos) por Arpad Szallasi em 1989 descobriu que a resiniferatoxina era de mil a 10 mil vezes melhor para se ligar a receptores TRPV1 que a substância química presente nos chilis.[3] Como sabemos que os chilis têm um SHU de cerca de 16 milhões, a resiniferatoxina chegará a algo acima de 16 bilhões de SHU. Isso é picante o bastante para nos matar.

Há muitas outras substâncias químicas cujos efeitos sobre nossos sentidos são capazes de quebrar vários recordes. A substância química mais doce, tão enjoativa que induz vômitos, é chamada *lugduname*, 230 mil vezes mais doce que açúcar de mesa.[4] A substância química mais escura, tão preta que você não pode ver nem a luz de uma lanterna brilhando sobre ela, é chamada *vantablack*.[5] E a mais malcheirosa é uma ligação entre propanotiona e metanotiol, substâncias que causaram perda de consciência em massa, vômitos espontâneos e até morte ao serem inaladas à distância.[6]

A guerra dos elementos

A primeira tentativa, ainda que um pouquinho estranha, de identificar adequadamente os elementos foi feita por ninguém menos que o próprio Pitágoras. A maioria das pessoas o conhece pela lei do quadrado da hipotenusa, aprendida na escola. O que não costuma ser mencionado é que Pitágoras foi também provavelmente o primeiro líder de culto na história.

Não se sabe muito sobre a ordem pitagórica porque a revelação de seus segredos era punida com o exílio, mas sabemos que eles eram proibidos de tocar em galinhas brancas ou de comer feijões.[7] Pitágoras foi assassinado porque uma multidão furiosa o perseguiu até a borda de um campo de feijões e, em vez de entrar nele, ele se virou para a multidão e optou por um espancamento fatal.[8]

A única outra coisa que sabemos sobre os pitagóricos é que eles consideravam que os números eram elementos. Pitágoras e seu culto veneravam a ordem numérica, acreditando que a matemática era a face verdadeira da realidade. Sua tabela de elementos era simplesmente uma lista de números que iam de um em diante. Então tá.

Outras pessoas escolheram substâncias mais tangíveis como sua matéria elementar. Já falamos de Heráclito, que propôs o fogo como candidato, no Capítulo 1. E de Tales, no Capítulo 4, que preferia a água porque ela assumia muitas formas, ao passo que o filósofo Anaxímenes declarou que o ar era o elemento mais puro e assim por diante.

Foi um homem chamado Empédocles que trouxe ordem para toda a discussão, no século v a.C. Em vez de apoiar qualquer dos outros pensadores, ele adotou a abordagem diplomática e sugeriu que talvez todos estivessem certos. Talvez não houvesse apenas um elemento, mas vários.[9]

A tabela periódica de Empédocles teria tido este aspecto:

A Água É molhada	**F** Fogo É quente
T Terra É marrom	**Ar** Ar É aéreo

Essa solução surpreendentemente simples pôs fim às discussões e todos ficaram felizes. Tales podia continuar com a sua água, Anaxímenes com seu ar, Heráclito com seu fogo; e Pitágoras tinha morrido num campo de feijões, por isso ninguém se importava com o que ele pensava. Hoje ainda há quem pense nessas substâncias como sendo elementares, mas realmente não há justificativa para isso. Elas foram uma escolha política para a manutenção da paz, não por representarem um conhecimento preciso, embora infelizmente uma mentira possa permanecer popular se as pessoas gostarem dela e ela for fácil.

A tabela faz sua estreia

Depois que Antoine Lavoisier descobriu que o ar era uma mistura de nitrogênio e oxigênio e a água era um composto de hidrogênio e oxigênio, os cientistas abandonaram a ideia dos quatro elementos de Empédocles e começaram a queimar ou dissolver tudo em que podiam pôr as mãos para obter os verdadeiros elementos.

Até 1789, muitos novos elementos tinham sido descobertos, então Lavoisier reuniu toda a informação e publicou uma lista completa, com um total de 33 elementos.[10]

Ele os colocou em quatro categorias: gases, que eram invisíveis mas ocupavam espaço; metais, que eram reluzentes e queimavam em oxigênio; não metais, que podiam ser usados para fazer ácidos; e terras, que não se encaixavam na categoria dos metais ou não metais.

A tabela de Lavoisier foi a primeira a não se basear em conjecturas ou intuição, e ela tinha o seguinte aspecto:

Gases	Metais	Não metais	Terras
Luz*	Antimônio	Fósforo	Cal*
Calor*	Prata	Enxofre	Magnésio*
Oxigênio	Arsênico	Carbono	Barita*
Nitrogênio	Bismuto	Muriático*	Alumina*
Hidrogênio	Cobalto	Fluórico*	Sílica*
	Cobre	Bórico*	
	Estanho		
	Ferro		
	Manganês		
	Mercúrio		
	Molibdênio		
	Níquel		
	Ouro		
	Platina		
	Chumbo		
	Tungstênio		
	Zinco		

Mais tarde, descobriu-se que as substâncias aqui indicadas com um asterisco não eram elementos, mas para uma primeira tentativa sua tabela era bastante boa.

Outros químicos tinham seus próprios métodos para agrupar as coisas, é claro. O químico alemão Johann Döbereiner agrupou os elementos em famílias de três com base na similaridade de seu comportamento. Os metais lítio, sódio e potássio se comportam de maneira idêntica, por exemplo: eles reagem violentamente com água, embaçam no ar e podem ser fatiados com uma faca (se você nunca teve a alegria de cortar um pedaço de lítio metálico, parece um sorvete saído diretamente do congelador).

Uma observação similar funcionava para enxofre, selênio e telúrio. Todos os três eram sólidos em pó que reagiam com oxigênio para produzir compostos de cheiro forte. Döbereiner chamou esses grupos de tríades, mas não havia nenhuma razão aparente para os padrões.[11] A tabela pronta dos elementos teria de explicar de alguma forma esses mistérios.

Um interlúdio musical

O mais famoso esforço para construir uma tabela periódica antes da que realmente funcionou foi uma malfadada tentativa feita pelo inglês John Newlands em 1863.[12] Já haviam sido inventados métodos para medir os pesos dos átomos, que tiveram como precursor o químico sueco Jöns Berzelius (que também introduziu os símbolos dos elementos que usamos hoje),[13] assim Newlands obteve os dados e escreveu uma lista dos elementos em ordem ascendente de massa. Ao fazer isso, descobriu que os elementos *quase* seguiam um padrão cíclico como as notas musicais fazem.

Na teoria musical ocidental, há somente sete notas principais. Se você começar em qualquer tom particular e tocar a escala, descobrirá que a oitava nota é idêntica à primeira, apenas uma versão mais alta. A nota nove é uma versão mais alta da nota dois e assim por diante. Uma série completa de notas é chamada de uma oitava e as notas se elevam em espiral, cada vez mais, até que o ouvido humano não pode mais captá-las.

John Newlands aplicou a mesma lógica à sua tabela de elementos, afirmando que havia sete categorias que se repetiam indefinidamente à medida que chegávamos a massas mais elevadas. Os primeiros sete elementos compunham a primeira linha, ao passo que o oitavo elemento seria a primeira entrada na linha dois, tendo propriedades similares às do elemento 1 diretamente acima dele.

Ele chamou as sete colunas de sua tabela de "famílias" e as oito linhas de "períodos", significando algo que se repete regularmente. Assim, John Newlands introduziu a ideia de que os elementos eram "periódicos".[14]

A ideia de períodos revelou conter alguma verdade, mas sua tabela tinha um pequeno defeito, que pode por vezes se provar inconveniente para uma hipótese: estava errada.

Na época em que Newlands compôs (o trocadilho é intencional) sua tabela, havia 63 elementos conhecidos, que não cabiam numa grade de oito por sete. Assim, em vez de acrescentar uma coluna extra ou abandonar a ideia das oitavas, Newlands enfiou um monte de elementos nos mesmos quadrados da grade.

O elemento metálico cobalto, por exemplo, tendo a audácia de existir, empurrava elementos posteriores para fora de suas famílias corretas, o que não correspondia à hipótese. Newlands decidiu que o cobalto e o níquel eram, portanto, o mesmo elemento.

Não eram. (Embora, fato curioso, ambos tenham ganhado seus nomes de espíritos alemães, Kobold e Nickel.)

Newlands sabia que esses elementos não eram iguais um ao outro, mas assim a tabela ficava arrumada, portanto era melhor não se preocupar com isso. Depois ele teve de fazer a mesma coisa com o desajeitado vanádio, e novamente com o lantânio. Dessa forma, Newlands falseava os dados para que se adequassem à sua ideia. Temos uma palavra para isso em ciência: trapacear.

Seria como afirmar que existem três tipos de animal: vacas, peixinhos dourados e pombos — depois, quando alguém lhe mostra um tigre, você decide que se trata na realidade de uma vaca e o insere na mesma coluna.

Newlands também escolheu cuidadosamente as características elementares. O cobalto é um metal lustroso com propriedades magnéticas, mas sua tabela o alinhou com flúor, cloro e hidrogênio, todos gases reativos. Newlands ficou feliz ao apontar que cloro, hidrogênio e flúor combinavam bem entre si, mas ignorou o fato de que isso não acontecia com o cobalto.

O trabalho de um cientista é reconhecer quando uma hipótese fracassou. Se a natureza diz que uma hipótese está errada, é ter uma nova ideia, e não dizer à natureza o que fazer.

Em consequência, a tabela de Newlands foi rejeitada pela comunidade científica da época, embora a história tenha um final feliz. Todo cientista publicou uma ideia questionável em algum momento, por isso os cientistas são um grupo complacente, que tenta não guardar rancores. Se uma ideia sua se revela errada, as outras ainda assim merecem ser ouvidas com isenção. É útil ter essa abordagem, porque, embora a hipótese da oitava de Newlands estivesse errada, sua ideia da repetição periódica revelou-se correta. Os elementos de fato obedecem a um padrão cíclico, ainda que este fosse muito mais complicado do que ele supusera. Por essa percepção, ele foi contemplado com a Medalha Davy de Química pela Royal Society em 1887.

O sonhador

Dmitri Mendeleiev nasceu na Sibéria em 1834, o caçula de provavelmente treze filhos (tenho certeza de que seus pais sabiam, mas os historiadores não conseguem concordar quanto ao número).

Quando seu pai ficou cego, Dmitri passou a sustentar a família financeiramente dando aulas de ciência e, segundo os que o viram em ação, era um comunicador fantástico, cheio de paixão e entusiasmo, tanto pelo assunto quanto pela arte da explicação.

Aos quinze anos, sua mãe decidiu que ele precisava de uma educação superior e cruzou a Rússia a pé com ele, candidatando-o para todas as universidades que puderam ao longo do caminho. A expedição levou quase um ano e infelizmente a saúde dela piorou à medida que os meses se passavam. Ela viveu o bastante para ver o filho admitido num bacharelado conjunto em química e pedagogia na Universidade de São Petersburgo, cidade onde morreu, pouco depois de chegarem.

Ela teria ficado orgulhosa das proezas dele, que logo se tornou um dos químicos mais proeminentes na Rússia, com uma reputação por escrever, de memória, enormes manuais numa questão de meses, e por ajudar a fundar a primeira refinaria de petróleo do país, em Tutayevsky.

Ele era também um personagem imponente, que raspava a barba uma vez por ano e tinha confrontos inflamados com outros alunos e professores. Sua maior contribuição para a ciência, porém, foi criar a primeira tabela periódica que realmente funcionava.[15]

Alguns dias antes de sua grande descoberta, Mendeleiev fez um baralho com elementos em vez de naipes. Inventou uma versão do jogo paciência baseada em propriedades químicas e esperava que isso o ajudasse a descobrir um padrão profundo em sua organização.

Segundo seu amigo Alexander Inostrancev, Mendeleiev passara três dias e três noites acordado jogando quando finalmente desabou de exaustão, na tarde de 17 de fevereiro de 1869.

Mendeleiev adormeceu cercado pelas suas cartas de baralho e teve o sonho mais vívido de sua vida. Nele, viu as cartas dançando diante de seus olhos e caindo perfeitamente nos lugares adequados, revelando o padrão que ele estivera buscando.[16] Os elementos de fato seguiam um ciclo, mas ninguém o compreendera porque ainda faltavam alguns elementos!

Até então, as pessoas vinham descobrindo elementos ao acaso e agrupando-os com base na cor, na reatividade, na condutividade, em propriedades termais ou em qualquer outra coisa.

Mendeleiev entendeu que os elementos eram arranjados numa sequência de massa crescente, mas que alguns ainda estavam escondidos dentro de rochas. Os elementos que pareciam estar no lugar errado não estavam: estavam apenas junto de elementos que eram desconhecidos pelos químicos da época.

O elemento 32 ainda não tinha sido isolado, tampouco o 61 ou o 72. Se supuséssemos que a lei de Mendeleiev de números inteiros crescentes funcionava, deveríamos encontrar elementos que correspondessem a esses valores e, como era de esperar, germânio, promécio e háfnio foram finalmente identificados e se encaixaram nas respectivas lacunas.

Esse é o caminho que conduz à loucura

Em 1932, sabíamos que os elementos eram feitos de átomos, e estes de prótons, nêutrons e elétrons. Mas, se todos os átomos eram feitos das mesmas três partículas, por que eram tão diferentes uns dos outros?

Consideremos o elemento 35, bromo. Trata-se de um líquido denso, marrom, que ateia fogo em metal e corrói pele humana. O elemento seguinte é o de número 36, kriptônio. Trata-se de um gás inofensivo, invisível, sem nenhum odor ou reatividade. A única diferença é que o kriptônio tem um próton/elétron a mais que o bromo, então por que não se comportam de maneira semelhante?

E o que podemos pensar das tríades de Döbereiner? Os elementos 29, 47 e 79 são cobre, prata e ouro — todos metais maleáveis com um acabamento lustroso. Por que esses três números em particular acabam com as mesmas propriedades?

Por que o elemento 4 é um sólido brilhante e o 5 é um pó marrom? Por que o elemento 9 é um dos mais reativos que o homem conhece, mas o elemento 10, um dos menos? Por que os elementos 11 a 14 conduzem eletricidade enquanto os elementos 15 a 18 não o fazem?

Todas as tentativas de encontrar ordem fracassaram, e uma hipótese tem de explicar todas as evidências, não apenas uma porção conveniente delas. Se não podíamos usar o modelo do próton/nêutron/elétron para explicar as diferenças no comportamento, então teríamos de abandoná-lo.

A única explicação concebível era que, embora cada átomo fosse feito das mesmas três partículas, de algum modo elas estavam arranjadas de maneira diferente no espaço. Demócrito já tinha sugerido que os átomos existiam em diferentes formas (os átomos do fogo seriam esféricos, movendo-se, por isso, com facilidade, ao passo que os átomos do "amargor" seriam afiados e recortados). Poderia ele ter estado na pista certa?

A resposta finalmente veio quando físicos descobriram uma das teorias mais importantes na ciência moderna, aquela que deu à tabela periódica sua forma final: a mecânica quântica.

6. A mecânica quântica salva a pátria

Curso intensivo de quântica

A mecânica quântica tem má reputação. Todo mundo ouviu falar sobre ela e sua fama de ser estranha (bastante merecida, diga-se de passagem). No entanto, nos últimos anos, parte de seu vocabulário foi sequestrada por espiritualistas para significar todos os tipos de coisas que nada têm a ver com o assunto, o que infelizmente confunde tudo. Não me entenda mal: não há nada de errado em falar sobre espiritualidade, mas usar palavras da mecânica quântica para significar alguma outra coisa é de pouca ajuda. Por isso avançaremos com cautela.

A primeira coisa a dizer é que a mecânica quântica não é uma ideia, mas uma sofisticada coleção de teorias que explicam o mundo em seu menor nível. O comportamento de elétrons, o núcleo, a luz e suas interações são todos explicados pela mecânica quântica, por isso ela é de grande importância para a química.

Cobri-la em detalhe exigiria um outro livro inteiro, por isso limitaremos a discussão à parte, desenvolvida pelo físico austríaco Erwin Schrödinger, que ajudou a construir a tabela periódica.

Schrödinger causou muito desconforto durante a sua vida e foi educadamente convidado a deixar várias universidades e instituições. A causa disso não eram suas realizações acadêmicas, que eram excepcionais, e sim o fato de que ele vivia uma relação a três com sua esposa Annemarie e a namorada deles, Hilde. Também usava uma porção de gravatas-borboleta. Escandaloso.

A mais importante contribuição de Schrödinger para a ciência é chamada de equação de onda de Schrödinger. Foi a equação que domou a tabela periódica e explica por que os elementos se comportam como o fazem. Ela tem a seguinte aparência:

$$H|\Psi\rangle = i\hbar \frac{\partial|\Psi\rangle}{\partial t}$$

Sei que equações podem às vezes desencorajar as pessoas, mas esta é vital para a história, por isso não podemos simplesmente varrê-la para baixo do tapete. Incluí uma breve explicação do que ela significa no Apêndice III, caso você seja um espírito aventureiro, mas não se preocupe, ainda podemos compreender o que a equação faz sem ter de entrar em nenhum detalhe matemático.

Ninguém sabe ao certo como Schrödinger elaborou sua equação, porque não há registros claros dele derivando-a. Alguns afirmam que ele simplesmente acordou uma manhã, desceu a escada e escreveu-a com base no instinto. Foi só mais tarde que ela foi testada e provou-se correta.

O que a equação faz é nos dizer onde os elétrons provavelmente estão enquanto se movem rapidamente em torno do núcleo. Começamos tomando as propriedades do elétron (coisas como sua massa, velocidade etc.) e então calculamos quanta atração há a partir dos prótons de qualquer átomo que queiramos descrever.

Resolvendo a equação para um dado átomo, podemos mapear uma região tridimensional de onde os elétrons estarão e que padrões eles irão traçar no espaço.

Quando fazemos isso, descobrimos que os elétrons não se movem em órbitas circulares. Eles circundam o núcleo em regiões que assumem uma variedade de formas, do mesmo modo que animais habitam cercados com formas diferentes no zoológico. Chamamos essas regiões de orbitais, ou às vezes, quando estamos sendo preguiçosos, de nuvens de elétrons.

Alguns elétrons ficam em orbitais esféricos, enquanto outros ocupam uma região em forma de haltere que se projeta do topo e da base do átomo. Cada orbital pode conter até dois elétrons, assim, quanto mais elétrons você tem em seu átomo, mais orbitais acabam sendo usados e mais extravagante se torna a forma do seu átomo.

A razão pela qual certas formas de orbitais surgem é que os movimentos dos elétrons são meio ondulados. Eles não se movem em linhas simples como bolas de bilhar, mas parecem ondular enquanto viajam de um ponto a outro. Assim como ondas só podem assumir certas formas (você não pode ter meia onda, por exemplo), o mesmo ocorre com os orbitais dos elétrons.

Um átomo de boro, que tem cinco elétrons, os distribuirá em orbitais com a forma do diagrama mostrado a seguir à esquerda. O carbono, entretanto, tem seis elétrons, assim uma nova forma de orbital é introduzida e o átomo tem a aparência do diagrama à direita.

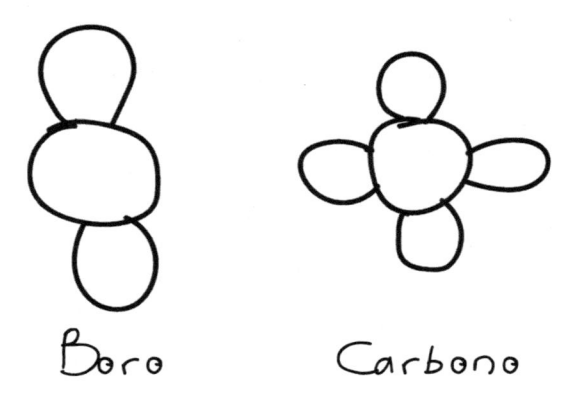

O fato de diferentes átomos assumirem diferentes formas explica por que têm comportamentos químicos distintos. Eles se empilham de maneiras diferentes, se ligam em ângulos diferentes, ajustam-se a espaços diferentes e assim por diante. A solução da equação de Schrödinger para um elemento particular explica por que ele pode ser diferente do elemento ao lado. O mero fato de terem um número similar de elétrons não significa que terão a mesma forma. Ela também responde à pergunta que todo estudante faz quando vê a tabela periódica pela primeira vez.

Por que ela tem *essa* forma?

Espera-se que uma tabela seja um retângulo bem-feito com colunas e linhas. Como aquela que Lavoisier criou. A tabela periódica que usamos hoje dá a impressão de que alguém sem querer passou o aspirador de pó num teclado de computador e tentou colar as letras de volta com massinha. Não se parece nada com uma tabela. Então, quem propôs esse desenho e por que todos os demais dizem "Sim, parece ok para mim"?

O homem a quem devemos agradecer é Alfred Werner, o químico suíço ganhador do prêmio Nobel que publicou um curto artigo em 1905 com o chamativo título "Contribuição ao desenvolvimento de um sistema periódico".[1] Foi aí que a tabela periódica tomou forma pela primeira vez.

Consideremos os primeiros dez elementos. Na verdade, não. Vamos ignorar os elementos 1 e 2 e começar com o elemento 3. (Explicarei daqui a pouco.)

Poderíamos alinhar os elementos numa longa fila e acabar com isso:

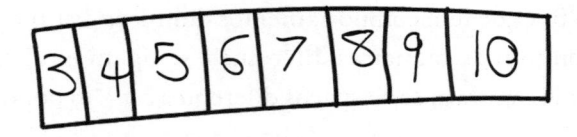

Mas agora podemos fazer melhor graças à equação de Schrödinger. Os dois primeiros elementos dessa fila põem seus elétrons em orbitais esféricos, ao passo que os seis seguintes os põem em orbitais em forma de haltere. Isso significa que podemos dividir a linha da seguinte maneira:

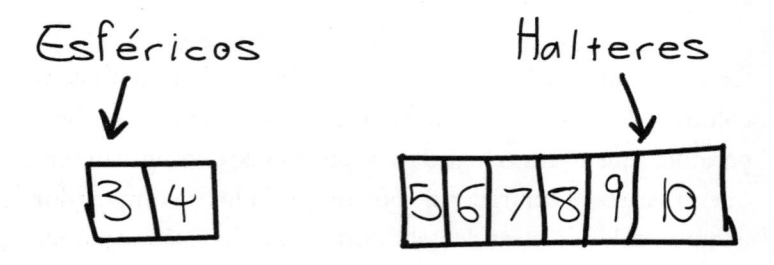

Os oito elementos seguintes têm as mesmas formas orbitais. Os átomos serão maiores, mas sob outros aspectos terão uma química muito similar. Para representar isso, usamos a ideia periódica de Newlands e acrescentamos uma segunda linha à nossa tabela, ainda dividindo em dois blocos:

Cada coluna de elementos representa uma forma orbital particular. A única diferença é que, à medida que descemos, os orbitais ficam maiores.

Quando chegamos ao elemento 21, uma nova forma é introduzida (a mecânica quântica é assim). Os elétrons externos do átomo desse elemento, escândio, até o elemento 30, zinco, têm a forma de feixes de balões em vez de halteres, assim precisamos introduzir um novo bloco na tabela. O elemento 31 volta para a forma de haltere, de modo que nossa tabela tem agora este aspecto:

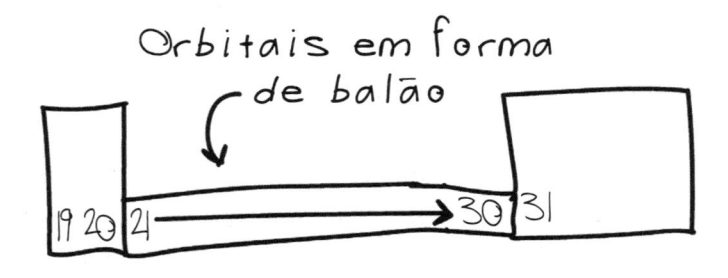

É um pouquinho irritante que a natureza insista em introduzir orbitais estranhos quando chegamos a elementos maiores, mas é por isso que a tabela tem uma forma desajeitada. É porque assim é a natureza.

Agora, se você ler da esquerda para a direita ao longo de uma linha (período), estará lendo em número ascendente de prótons, ao passo que a coluna (grupo) lhe diz que forma os átomos terão. Chegue ao fim de um período e simplesmente passe para o seguinte.

Quando Alfred Werner incluiu todos os elementos e formas orbitais conhecidos, a tabela acabou assim:

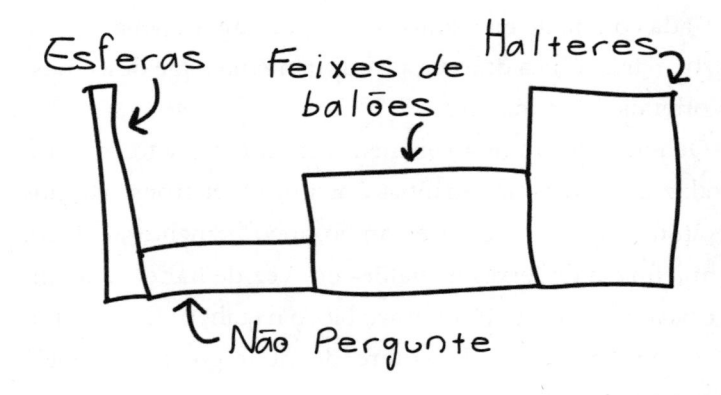

Suponha que você quisesse saber sobre o iodo. Contando da esquerda para a direita você aprende que ele é o elemento número 53, o que significa que você terá 53 prótons e 53 elétrons. Você pode ver que ele está no bloco da direita (em forma de haltere), assim você sabe que ângulos ele fará com outros átomos.

Diretamente acima dele estão o cloro e o flúor, ambos não metais coloridos. O iodo está na mesma coluna, portanto provavelmente será um não metal colorido também, mas com uma densidade mais alta, pois está num período mais baixo. Como seria de esperar, descobrimos que essas são exatamente as propriedades do iodo.

Podemos usar a tabela periódica até para prever as propriedades de elementos que nunca foram vistos por ninguém. Diretamente abaixo do iodo está o astato, o elemento mais raro na crosta da Terra (existe menos de um grama em todo o planeta), mas, se tivéssemos uma amostra, ela iria provavelmente se comportar como uma versão mais densa do iodo. Deus abençoe a mecânica quântica.

Simplicidade arquitetônica

Você provavelmente sabe, por ver a imagem da tabela periódica em sua camiseta, mouse pad, cortina de boxe, estojo e caderno (tenho tudo isso e suponho que todo mundo também tem) que as imagens acima não são bem assim.

Essa versão completamente expandida da tabela é bastante desajeitada; assim, para simplificar, tomamos um dos blocos, o empurramos para baixo e deslizamos os demais para que se juntem.

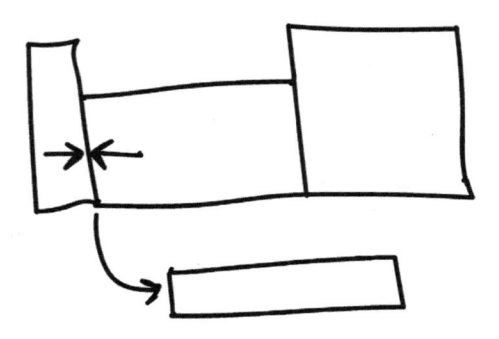

Essa forma da tabela periódica foi proposta por Glenn Seaborg em 1945 e logo se tornou o padrão graças à sua simplicidade e ao fato de que Seaborg trabalhou muito para divulgar a ciência.[2] Mas obviamente perdemos os elementos 1 e 2.

O hidrogênio e o hélio são ambos átomos esféricos, o que significa que pertencem aos grupos 1 e 2 respectivamente:

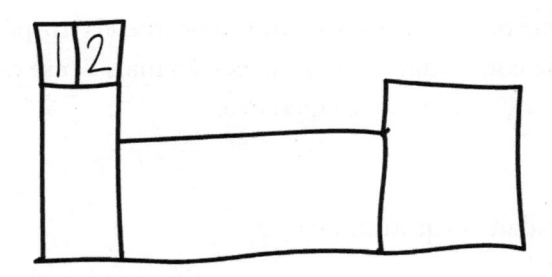

Foi isso que Harvey White fez com seu desenho da tabela periódica em 1934 e é o que Schrödinger teria desejado.[3] Infelizmente, em razão de seu pequeno tamanho, H e He não se comportam exatamente como os outros elementos naquele bloco.

Eles na realidade têm mais em comum com os elementos do outro lado da tabela, por isso, se os posicionássemos de acordo com a reatividade, acabaríamos com coisas que teriam este aspecto:

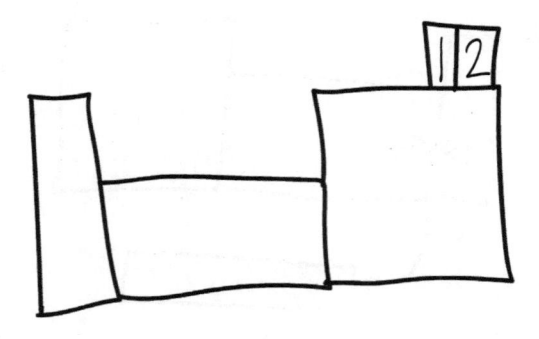

Foi o que Ernst Riesenfeld fez com sua tabela periódica em 1928 (e o que Mendeleiev teria desejado).[4]

Glenn Seaborg não conseguia decidir onde pôr esses dois elementos que davam tanto trabalho, arrastando-os às vezes para um lado e às vezes para o outro (e por um breve período pondo o hidrogênio em dois grupos, em 1945).[5]

Finalmente, o acordo geral foi reconhecer tanto o trabalho de Schrödinger sobre os orbitais dos elétrons quanto o de Mendeleiev sobre as propriedades das substâncias químicas.

Assim nós os separamos e os pusemos um em cada ponta da tabela, um para cada cientista. Não é lógico, mas é um belo tributo aos dois homens que a construíram. E *voilà*, temos uma tabela periódica.

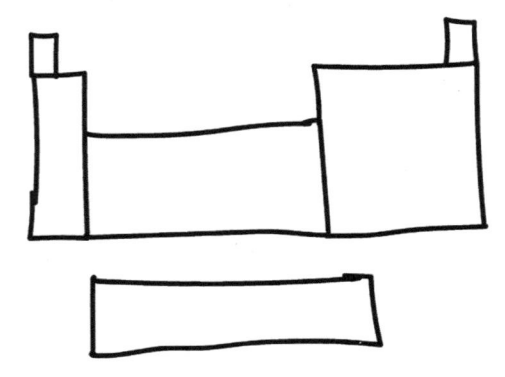

7. Coisas que explodem

O explosivo mais explosivo

Com exceção das armas nucleares, a maioria dos explosivos funciona da mesma forma. Primeiro, sintetiza-se um material que é altamente instável. Em termos químicos, isso significa que ele se desagregará se tiver chance para isso. Segundo, o material é provocado, o que lhe dá a oportunidade de se fragmentar e se rearranjar em substâncias estáveis. Durante esse rearranjo uma quantidade absurda de energia é liberada ("quantidade absurda" sendo o termo técnico) na forma de luz e calor.

Além disso, uma pequena quantidade de explosivo sólido ou líquido se expandirá rapidamente para se tornar um grande volume de gás. Essa súbita expansão combinada com muito calor e luz é o que chamamos de explosão.

Algumas substâncias são tão instáveis que mesmo uma leve agitação fará a reação começar. A pólvora precisa apenas da chama de uma vela para se decompor, ao passo que o TNT não requer nada além de uma faísca. Você pode até comprar estalinhos, que consistem em pacotinhos de papel cheios de fulminato de prata, uma substância química que explode quando atingida, causando um ruidoso estalo.

Fogos de artifício funcionam com base num princípio semelhante. Um metal em pó é lançado ao ar e, uma vez que

o estopim no interior tenha queimado, um gel detonador
será ativado, convertendo-o num gás. Cada partícula de pó é
pulverizada para o exterior à medida que o gás se expande,
tornando-se tão quente que começa a reagir com o oxigênio
atmosférico, produzindo centelhas.

Já vimos no Capítulo 4 que diferentes elementos emitem
diferentes tipos de luz. Assim, escolhendo metais particulares
obtemos cores de centelha particulares. Sódio se torna amarelo; bário fica verde; cobre, azul; e estrôncio, vermelho-tijolo.
Fogos de artifício púrpura são notoriamente difíceis de obter
e em geral envolvem uma mistura de cobre e estrôncio.

Todos os explosivos dependem da instabilidade das substâncias químicas que contêm, e a mais instável substância
química jamais criada chama-se azida de azidoazida, sinteti-
zada em 2011 por Thomas Klapötke. Embora esteja além da
minha compreensão o motivo pelo qual alguém haveria de
querer fabricar essa substância.

Ela contém catorze átomos de nitrogênio e dois de carbono
agrupados em ramos em torno de um anel apertado, todos
comprimidos juntos sem muito espaço. As ligações entre os
átomos são tão tensas que se rompem em qualquer circuns-
tância.

Quando Klapötke tentou dissolver a substância química
em água, ela explodiu. Quando ele tentou movê-la através
de seu laboratório, ela explodiu. Quando respirou na direção
dela, ela explodiu. Explodiu até quando uma luz infravermelha (o tipo emitido por um controle remoto de TV) brilhou
sobre ela.[1]

Os melhores explosivos, é claro, são os que detonam no
momento certo. Eles têm de ser estáveis o bastante para se-

rem movidos, mas instáveis o bastante para detonarem. Azida de azidoazida seria uma escolha ruim, pelas mesmas razões pelas quais trifluoreto de cloro era uma péssima escolha para combustível de foguete. Você está mais bem servido com a boa e velha dinamite, inventada por ninguém menos que Alfred Nobel.

O mercador da morte está morto

Quando uma pessoa morre, tendemos a dizer coisas agradáveis sobre ela porque é tabu falar mal dos mortos. Esse não foi o caso em 12 de fevereiro de 1888, quando o obituário de Alfred Nobel foi publicado. Um jornal francês teria supostamente estampado a manchete "O mercador da morte está morto" e seguido em frente dizendo que "Morreu ontem o dr. Alfred Nobel, que enriqueceu descobrindo maneiras de matar mais pessoas mais depressa do que nunca antes".[2]

Muita gente não ficou feliz vendo um jornal falar do grande cientista dessa maneira. Inclusive o próprio Alfred Nobel, que leu seu próprio obituário pelo fato de que não tinha realmente morrido. Segundo a história, Ludwig, o irmão de Alfred, é que tinha morrido, e o jornal confundiu os dois irmãos, o que o levou a publicar seu forte ataque.

Nobel foi um químico muito talentoso, que tinha inventado a dinamite 21 anos antes. Inicialmente, destinou-a ao uso em mineração, mas ela tinha óbvias aplicações militares. Aparentemente, dando-se conta de qual era o seu legado, Nobel decidiu alterar seu testamento e deixou sua considerável fortuna (mais de 31 milhões de coroas suecas) como prêmio em dinheiro para pessoas que fizessem coisas "pelo maior benefício da humanidade". Os prêmios deveriam ser concedidos a realizações nas três ciências, em literatura e na promoção da paz. Os prêmios Nobel.[3]

O jornal que publicou o obituário, segundo consta, teria sido o *Idiotie Quotidienne*, e tentei desesperadamente encontrar documentação que confirmasse sua existência, mas infelizmente não consegui encontrar nenhuma.[4] O fato de que a tradução do título do jornal seria *Idiotice Diária* pode ser um indício de que a história é uma farsa e, de fato, alguns dos biógrafos de Nobel a rejeitaram como um boato persistente.[5]

Ela pode ser um conto moralista apócrifo ou talvez um embelezamento da reação de Nobel à morte do irmão. Quer ela seja verdadeira ou não, os prêmios Nobel ainda são considerados as recompensas mais prestigiosas no campo da ciência. O prêmio em dinheiro é substancial, chegando a milhões, e vem do patrimônio de Nobel inteiramente construído sobre dinamite. Não de maneira literal, obviamente. Isso seria estúpido.

A forma como a dinamite funciona é simples. Pegue uma grande quantidade de pó de rocha à base de silício e mergulhe-a numa substância química chamada nitroglicerina. Acondicione isso num tubo e introduza um estopim na extremidade. À medida que esse estopim queima, o calor é transferido para o pó embebido em nitroglicerina e bum!

A nitroglicerina é um dos componentes instáveis que mencionei antes. Composta de átomos de carbono, nitrogênio, oxigênio e hidrogênio, ela é uma substância química que irá reagir consigo mesma, isto é, uma partícula de nitroglicerina reagirá com outra para produzir um monte de gases, sobretudo dióxido de carbono e água.

Esses gases se expandem para mais de 1200 vezes seu volume original e atingem uma temperatura de 5000°C. A reação também é rápida, com a expansão e o aquecimento ocorrendo em menos de um microssegundo.

Tudo isso se reduz à questão que vamos responder neste capítulo: afinal de contas, por que reações químicas acontecem? O que queremos dizer quando falamos que uma substância química é instável, e antes de mais nada como os átomos se ligam? Para explicar tudo isso, vamos precisar mergulhar um pouco mais fundo no oceano quântico.

Sujando o bom nome da química

A palavra "química" vem de alquimia, mas um nome melhor para a matéria seria eletrônica, porque reações químicas são uma questão de elétrons. O núcleo de um átomo é minúsculo comparado ao raio total, de modo que são os elétrons no exterior que estão interagindo com tudo.

E os elétrons estão sempre em movimento. Caso um elétron parasse de se mover, iria simultaneamente deixar de existir, porque movimento, como a carga que ele possui, é parte da identidade de um elétron. Um elétron estacionário existe tanto quanto um triângulo de quatro lados.

Assim, se partirmos de movimento como um dado, há somente duas coisas que um elétron atômico pode realmente fazer: mover-se para fora, afastando-se do núcleo, ou para dentro, em direção a ele. Esses dois comportamentos sustentam quase todas as reações químicas que você encontrará.

Vamos revisitar o conceito de orbitais que obtivemos da equação de Schrödinger. Eles são as regiões em torno de um núcleo na qual elétrons passam seu tempo.

Orbitais são os territórios permitidos dos elétrons, mas os elétrons não estão confinados a viver suas vidas inteiras no mesmo orbital. Eles podem saltar de um lado para outro. Quando um elétron salta de um orbital para outro, isso é chamado de "salto quântico", e pode acontecer entre quaisquer dois orbitais, mesmo aqueles que estejam vazios.

Obviamente, elétrons preferem ocupar um orbital próximo do núcleo, porque ele carrega a carga oposta, mas nem sempre conseguem o que querem. Se os orbitais mais internos estão habitados, outros elétrons têm de se contentar em ficar mais distante.

Um átomo é realmente um lugar agitado, no qual os orbitais mais próximos do núcleo são considerados mansões da mais alta categoria para as quais todo elétron quer se mudar. Se um dos elétrons internos desocupa seu orbital por alguma razão, um elétron externo dará um salto quântico para substituí-lo.

Esses saltos quânticos, porém, não acontecem aleatoriamente. A regra que explica a química é, em última análise, a seguinte: se um elétron absorve um feixe de luz, ele é deslocado para um orbital mais afastado, e se ele emite um feixe de luz, cai para um mais próximo.

Alguns tipos de luz têm uma capacidade maior de promover elétrons, enquanto outros têm uma capacidade menor. Um feixe azul pode promover um elétron para um orbital distante, já luz vermelha pode apenas empurrá-lo para um nível acima. Da mesma maneira, elétrons de orbitais distantes têm a capacidade de emitir luz azul quando caem, ao passo que elétrons já próximos do núcleo podem emitir apenas vermelho.

É assim que funcionam os fogos de artifício e a espectroscopia, já mencionados aqui. Cada átomo tem um arranjo orbital único, por isso cada átomo emite ou absorve um espectro de luz único. Quando os elétrons começam a saltar de orbital para orbital, a distância que eles saltam determina que tipo de luz é emitida ou absorvida, dependendo da direção em que estão viajando.

A pergunta que em geral todos fazem neste ponto é por que elétrons absorvem ou emitem luz. Creio que a resposta é: porque assim é a natureza. Essa é apenas uma das leis fundamentais que foram estabelecidas durante a expansão do big bang. Assim como bolas rolam morro abaixo porque obedecem às leis da gravidade, elétrons emitem e absorvem luz porque obedecem às leis da mecânica quântica.

Capacidade e estabilidade

Mencionamos que alguns feixes de luz têm mais capacidade de promover elétrons que outros, e em ciência às vezes substituímos a palavra "capacidade" pela palavra "energia". Tenho em geral evitado usá-la até agora, porque é uma palavra repleta de dificuldades e equívocos.

As pessoas falam sobre energia como se fosse uma coisa sendo transferida de um lugar para outro, mas na realidade não é. Não se pode segurar um pedaço de energia, mas um pedaço de matéria pode possuir a capacidade de golpear coisas ou a capacidade de explodir, isto é, pode possuir energia.

No contexto da química quântica, energia significa "quão capaz é um feixe de luz de empurrar um elétron para um orbital mais elevado". Às vezes ouvimos cientistas dizerem que elétrons em orbitais externos "absorveram energia" e que essa energia é liberada quando eles caem. Isso é uma taquigrafia conveniente, mas temos de ser claros: é luz que é absorvida e emitida. A luz tem a capacidade de promover elétrons e, portanto, possui energia, mas energia não é uma coisa real.

O oposto de capacidade é o que entendemos por estabilidade, e é uma medida de quanta energia um elétron perdeu ao cair, ou de quão relutante ele é em se deslocar para cima a partir de seu orbital atual.

Um elétron de um orbital interno, próximo do núcleo, está menos disposto a mudar porque está feliz onde está. Nós o descrevemos como sendo quimicamente estável. Um elétron num orbital mais elevado com muita energia (capacidade de liberar luz) é, contudo, muito instável, porque não está feliz e mudará se tiver oportunidade.

O diagrama abaixo mostra o que acontece quando um elétron absorve um feixe de luz. Ele salta de um orbital de baixa energia para um orbital de alta energia, tornando-se instável.

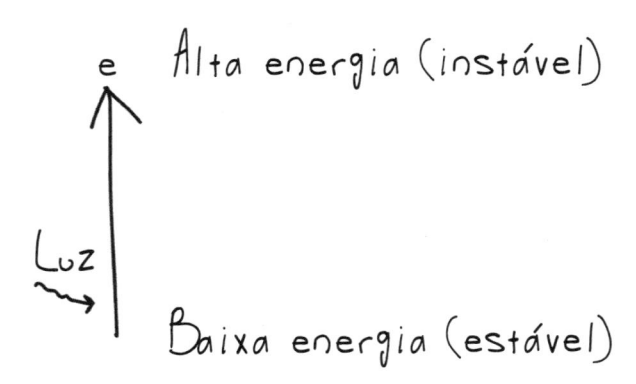

O próximo diagrama mostra o processo contrário. Esse é um elétron de alta energia caindo para um orbital mais estável. A única diferença é a luz, que está sendo emitida ao invés de ser absorvida.

Capacidade e estabilidade estão sempre em conflito entre si e governam o comportamento reativo de um elétron. Ganhar energia significa perder estabilidade, e vice-versa. Esse compromisso entre capacidade e estabilidade é o que determina se uma reação acontecerá ou não.

Sacudir, chacoalhar e rolar

Diferentes tipos de luz produzirão diferentes tipos de efeito sobre um átomo. Luz infravermelha, que possui baixa energia para interagir com os elétrons, de modo que não podemos ver com nossos olhos, fará com que os próprios orbitais se estiquem e se torçam em vez de desviar elétrons entre eles. Micro-ondas produzem algo semelhante, com a diferença de que fazem o átomo girar, em vez de se torcer e de se dobrar.

Se você irradiar átomos com luz infravermelha ou de micro-ondas, o resultado é que os átomos começam a dançar de um lado para outro e a se entrechocar, trocando energia. Em última análise isso acontece por meio do mesmo mecanismo de transferência de luz (elétrons num átomo liberam luz para elétrons no outro, promovendo-os a um orbital mais elevado/fazendo o átomo se torcer ou girar mais), porém é mais rápido e mais conveniente falar sobre átomos colidindo e transferindo energia.

Essas torções e rotações dos átomos são o que chamamos de calor, e é por isso que você se sente quente quando luz infravermelha ou de micro-ondas atinge a sua pele. Ele fornece igualmente a base dos fornos de micro-ondas, fazendo com que a água dentro de um pedaço de comida se sacuda.

Obviamente, quanto mais quente for uma amostra de substância química, mais provável é que os átomos esbarrem uns nos outros e provoquem rearranjos/torções/rotações de orbitais. Ou, dito de outra forma, o aquecimento da maioria das reações tende a torná-las mais rápidas.

Unidos cairemos

Imagine que você é um elétron amarrado ao núcleo de um átomo. Se um outro átomo se aproximar, seu núcleo pode atraí-lo para si ao mesmo tempo. Se o puxão for suficientemente forte você pode ser arrastado para uma posição a meio caminho entre ambos os núcleos e não estará mais ocupando um orbital atômico, e sim um orbital molecular, o qual é conhecido pelo nome mais comum de ligação química.

Se os orbitais moleculares estiverem numa energia mais baixa que os orbitais atômicos com que começamos, elétrons em dois átomos que se aproximam podem cair juntos num orbital molecular, liberando luz à medida que se deslocam. Forma-se uma ligação entre os átomos, e levamos a cabo uma reação química.

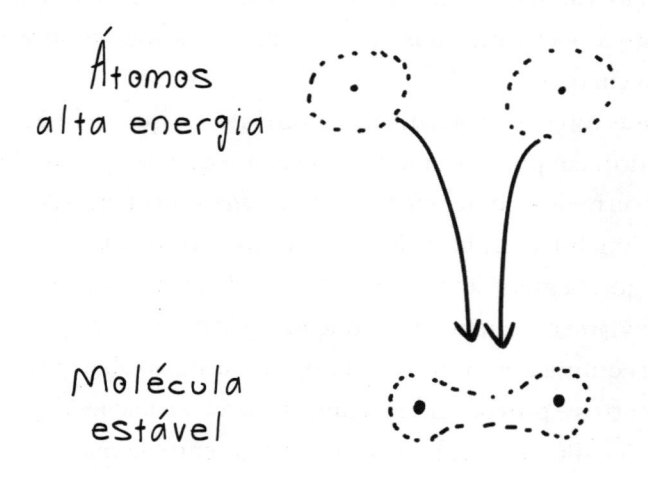

Átomos
alta energia

Molécula
estável

No caso da reação hidrogênio/oxigênio, as unidades de hidrogênio e de oxigênio estão flutuando livremente, mas quando elas reagem os elétrons em cada átomo deslizam para orbitais moleculares, ligando as coisas entre si e formando uma molécula de H_2O.

Toda a energia desses elétrons em queda é liberada como luz, tanto visível quanto infravermelha (calor), criando as explosões vistas pela primeira vez por Henry Cavendish.

Tampouco temos de começar com átomos, podem ser moléculas. As ligações de uma molécula de nitroglicerina estão em energia muito alta, por isso elas se decompõem de bom grado em moléculas com orbitais mais estáveis, como dióxido de carbono e água. Muita energia é expulsa no processo quando todos os elétrons caem, e vemos o resultado como uma explosão.

Vamos dar a partida

A base da química é simples: comece com uma série de orbitais e termine com outra. Desintegrar as moléculas originais, contudo, pode ser difícil. Os elétrons num orbital molecular não sabem necessariamente que há algo melhor a fazer, por isso temos de lhes dar um pontapé de energia para que caiam no arranjo que queremos.

Uma analogia seria uma imagem de um casaco pendurado num gancho. O casaco ficará ali até o fim dos tempos, ainda que pudesse alcançar maior estabilidade caindo no chão. Isso não acontecerá, porque primeiro você tem de pôr energia no sistema. É somente quando você levanta o casaco alguns centímetros, libertando-o do gancho, que você lhe dá a opção de cair numa configuração mais estável.

Com os elétrons é exatamente igual. É preciso primeiro excitá-los e tirá-los de seus orbitais, e então eles podem cair em outros.

Uma molécula estável como a da água pode ser pensada como tendo um gancho com vários metros de comprimento. Você teria de subir numa escada e erguer o casaco por toda essa distância para libertá-lo. E, assim que você o soltasse, ele provavelmente cairia sobre o gancho novamente. É por isso que a água não reage com quase nada. Nitroglicerina, por outro lado, é como um gancho para casaco com poucos milímetros de comprimento, posicionado sobre um penhasco.

Um pequeno cutucão (digamos, de um pavio em chamas) é suficiente para tirar os elétrons de seus orbitais, e a queda de energia subsequente é enorme.

Ou você poderia pensar nela com um modelo de Lego®. Se você quiser fazer alguma coisa nova, tem de introduzir energia e separar os blocos. É somente quando tudo está decomposto em suas partes constituintes que você pode formar alguma outra coisa.

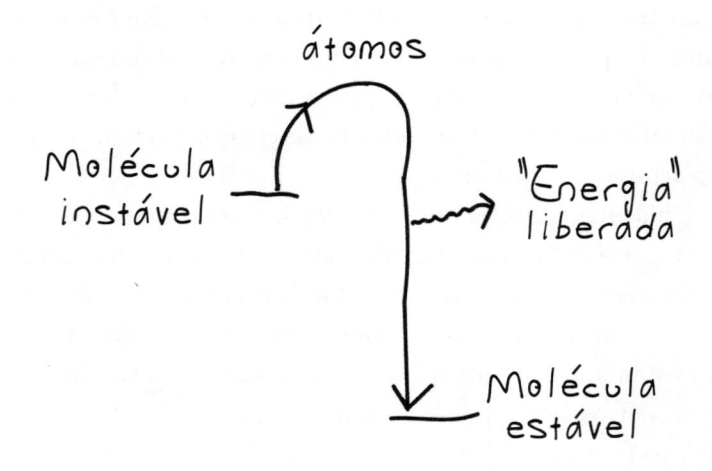

Seja qual for a reação, a química é uma questão de persuadir os elétrons a saltar dos seus orbitais iniciais para entrar naqueles que você quer. De quanto calor você precisa para conseguir isso? Que forma sua molécula inicial precisa ter? Que subprodutos você obtém? O que você faz se sua reação não funcionar? Quantas moléculas vão se rearranjar e quantas cairão de volta em suas posições originais?

Embora uma miríade de complexidades possa surgir no laboratório, a premissa global é simples: empurre os elétrons para cima e deixe-os cair.

8. O sonho do alquimista

O elemento mais caro de que você nunca ouviu falar

Em 3 de abril de 2017, o diamante Pink Star foi vendido num leilão para a Chow Tai Fook Enterprises pela fortuna de 71 milhões de dólares.[1] No momento em que escrevo, essa é a maior soma de dinheiro já paga por uma pedra preciosa.

Para efeito de comparação, o diamante Hope foi vendido em 1908 a Selim Habib para o sultão da Turquia por 200 mil dólares, depois revendido em 1911 para Evalyn McLean por 154 mil dólares. Em 1958, ele foi doado para a Smithsonian Institution em Washington, DC, sob um seguro de um milhão de dólares, e diz-se que vale ainda mais hoje.[2]

Diamantes são puro carbono, por isso talvez seja justo chamar o carbono de um dos elementos mais caros da tabela. Por outro lado, carvão, que também é feito de puro carbono, é vendido a varejo a baixo custo em qualquer supermercado. Então o carbono talvez seja um dos elementos mais baratos.

Tratamos o ouro como um metal mais valioso que a prata, mas nos anos 1890 o vencedor de um evento olímpico era presenteado com uma medalha de prata, e não de ouro. Artistas do ramo da música recebem discos de platina como a mais alta distinção, mas a platina é vendida mais em conta que o ouro no mercado aberto.

Ródio e paládio, usados para fazer conversores catalíticos em carros, têm atualmente um valor similar ao da platina, mas gozaram de um breve pico em 2008, quando seu valor aumentou dez vezes, tornando-os mais valiosos que o ouro durante um mês. As coisas só valem o que alguém esteja disposto a pagar por elas, e com os elementos não é diferente.

O plutônio é um dos materiais mais caros da Terra, com um valor de 11 mil dólares por grama (segundo o Departamento de Energia dos Estados Unidos), e é frequentemente apontado como sendo o elemento mais caro.[3] Mas há um outro, raramente discutido, que o suplanta. O califórnio, elemento número 98, é usado como reagente de partida em reatores nucleares e vendido por absurdos 27 milhões de dólares por grama.[4] O que o torna tão caro é que o califórnio não ocorre na natureza. É um elemento que nós mesmos temos de fabricar.

Todos eles bruxos

Antes da descoberta do fósforo e dos experimentos com fogo do século XVIII, a pesquisa química era uma bagunça. Munida de uma mistura de simbolismo judaico-cristão, antigos contos de fadas e as obras de um escritor persa chamado Jabir ibn Hayyan, ela ignorava o teste rigoroso das substâncias químicas, e fatos eram misturados com superstição.

O campo resultante era chamado de alquimia, um termo derivado do árabe que vem do grego *chemia*, significando feitiçaria. Ninguém estava tentando descobrir substâncias que fossem elementares nesse período. Em vez disso, os alquimistas buscavam descobrir substâncias mais ou menos inventadas por eles. Uma delas era o alkahest, visto como o ácido supremo, capaz de dissolver qualquer coisa. O elixir da vida era outro, que segundo se pensava evitava o início de uma doença, e havia também a panaceia, considerada um remédio capaz de curar todas as doenças.[5] Acima de tudo, porém, a meta dos alquimistas era gerar um material chamado pedra filosofal, que podia converter outros metais em ouro. Ninguém sabe quem inventou a ideia de uma pedra filosofal, mas rumores sobre sua existência vinham circulando desde o século XIII.

O autor de uma enciclopédia medieval, Vicente de Beauvais, afirmou que Deus havia comunicado o conhecimento da transmutação a Adão, que o transmitiu a Noé e assim por diante. Sua fonte para isso parece ter sido sua própria imaginação, embora *O livro de Sydrac*, um texto anônimo do século XIII, conte uma história semelhante, de modo que era obviamente uma ideia comum na época.[6]

Uma das primeiras referências registradas à expressão "pedra filosofal" está numa peça teatral de 1610 chamada *The Alchemist*, da autoria de Ben Jonson, na qual é sugerido que Adão foi instruído a produzir a lendária substância.[7] Depois que foi expulso do Éden, ele supostamente esqueceu a receita. Muito bem, Adão! Primeiro você perde uma costela, depois perde a receita da pedra filosofal. O que mais? Seu segundo filho?

É verdade que a alquimia nos deu conhecimento sobre várias reações químicas, sem falar na descoberta do fósforo por Brandt, mas ela não tinha nenhuma estrutura e havia mais conjectura do que qualquer outra coisa.

O problema em tentar transformar um elemento em outro é que a identidade de um elemento é determinada pelo número de prótons em seu núcleo, e mudar isso não é uma simples questão de misturar coisas num tubo de ensaio.

Como vimos no capítulo anterior, a química consiste na manipulação de elétrons. O núcleo é pequeno e escondido demais para que possamos ter algum impacto sobre ele. Em poucas palavras, os elétrons podem dançar segundo qualquer música que você queira, mas, se o núcleo permanecer intocado, o elemento continua sendo o mesmo.

No entanto sóis estão constantemente transmutando hidrogênio em hélio, portanto não há obviamente nenhuma lei da ciência que proíba que isso aconteça. Para imitar a técnica aqui na Terra seriam necessários poderes super-humanos. Por falar nisso...

A origem dos super-heróis

Peter Parker obteve seus poderes de Homem-Aranha quando foi picado por uma aranha radioativa e seu DNA tornou-se irreparavelmente alterado. Bruce Banner ficou preso na explosão de uma bomba atômica e foi atingido por raios gama que o transformaram no Hulk. O Quarteto Fantástico foi apanhado numa tempestade de raios cósmicos radioativos, o Demolidor foi atingido por respingos de resíduos radioativos e Jean Grey, dos X-Men (no enredo original), liberou seu potencial telecinético desde que pilotou um ônibus espacial em meio a uma tempestade solar radioativa.[8]

A radioatividade nos deu obviamente muitos motivos de gratidão, mas também criou Godzilla e um número incalculável de insetos gigantes durante os anos 1950, por isso deveríamos provavelmente tratá-la com cautela.[9] No entanto, foi através da radioatividade que a humanidade foi finalmente capaz de transmutar um elemento em outro, por isso precisamos nos familiarizar com ela.

O fenômeno foi descoberto por acidente em 1896 pelo físico francês Henri Becquerel. Ele estivera planejando alguns experimentos com chapas fotográficas, mas na data de seus testes o céu estava nublado, por isso as guardou numa gaveta.

Dois dias depois, quando as retirou, as chapas tinham de alguma maneira sido impregnadas com a imagem de uma cruz de cobre que se encontrava ao lado delas. Ao que parecia, algo na gaveta tinha tirado uma fotografia. O único outro objeto presente era um frasco com solução de sulfato de potássio e uranila, do outro lado da cruz, e assim Becquerel decidiu que ela tinha de ser a culpada.

Embora uma chapa fotográfica seja mais bem ativada pela luz solar, qualquer feixe de alta energia fará com que ela sofra uma mudança. Partículas de potássio e sulfato não emitem feixes, então logicamente eles estavam vindo do outro elemento no líquido, urânio.

De maneira invisível ao olho humano, o urânio estava aparentemente emitindo algo que alterava a superfície das chapas fotográficas. A cruz se interpusera entre eles e, *voilà*, a primeira radiografia tirada por um frasco.

Pouco depois da descoberta de Becquerel, Marie Curie, a única pessoa a ganhar dois prêmios Nobel, em duas ciências, chamou o fenômeno de radioatividade, a partir dos termos latinos *radius* (raio) e *activitas* (realização, atividade).

Com seu marido Pierre, Marie descobriu mais dois elementos radioativos, que ela chamou de rádio (por razões óbvias) e polônio, em homenagem a seu país natal, a Polônia.

Instabilidade inerente

Como aprendemos no Capítulo 3, o núcleo de um átomo é uma configuração instável. Embora os prótons mantenham os elétrons no lugar, eles também se repelem uns aos outros, o que requer nêutrons para colá-los juntos.

A cientista de origem austríaca Lise Meitner compreendeu que, uma vez que chegássemos a elementos por volta dos oitenta e tantos, esse equilíbrio se tornaria instável e o núcleo poderia se desintegrar. Por essa importante descoberta, Meitner não ganhou o prêmio Nobel de física. Este ficou com o seu colega de laboratório — um homem. O elemento 109 acabou sendo nomeado em homenagem a ela, que assim não foi completamente desprezada.

À medida que ascendemos através dos elementos, os números de prótons aumentam, por isso os números de nêutrons têm de seguir o exemplo para manter as coisas juntas. Mas há uma complicação (sempre, não?). A força repulsiva entre prótons tem um alcance infinito, mas a força adesiva dos nêutrons não.

Isso significa que em átomos grandes é somente uma questão de tempo antes que a repulsão vença, tornando-os estruturas precárias. Átomos maiores são frágeis e, se deixados por tempo suficiente, se desintegrarão.

O actínio, substância de brilho azul, tem um núcleo colossal de 89 prótons, por isso, se você tem um pedaço dele, cerca da metade se desintegrará em alguma outra coisa dentro de vinte anos. O rubídio, por outro lado, é muito menor, com apenas 37 prótons, e leva 49 bilhões de anos para se desintegrar na mesma medida.

Os núcleos em que esses elementos se convertem tendem a ter números peculiares de nêutrons, que os elementos normalmente não têm. Essas partículas "filhas" só podem ser produzidas a partir do decaimento radioativo, assim, se medirmos a quantidade de núcleos mães e filhas numa rocha, a proporção entre elas nos permite calcular quanto tínhamos para começar e, subsequentemente, há quanto tempo a rocha existe.

Foi usando essa técnica que o químico americano Clair Patterson calculou que a Terra tem aproximadamente 4,5 bilhões de anos de idade.[10]

Romper

Há diferentes maneiras pelas quais um núcleo pode se desintegrar. Às vezes a coisa toda se romperá no que chamamos de fissão, mas, por razões que não são compreendidas, o mais comum de ser ejetado de um núcleo quando ele se fratura é um punhado de dois prótons e dois nêutrons movendo-se numa velocidade tremenda.

Esses pacotes saem de seus átomos a 15 milhões de metros por segundo e vêm a ser exatamente as mesmas partículas alfa que Rutherford usou nos experimentos das folhas de ouro.

Quando uma partícula alfa é emitida, o núcleo deixado para trás perdeu dois prótons, mudando sua identidade. Rutherford decidiu usar isso em seu proveito. Dada a velocidade das partículas alfa, ele propôs que, se as arremessássemos sobre outro átomo, elas poderiam despedaçar seu núcleo, transformando-o em algo mais leve.

Disparando partículas alfa através de um recipiente altamente pressurizado de gás nitrogênio para aumentar as chances de colisão, Rutherford foi finalmente capaz de desagregar átomos de nitrogênio, transformando-os em carbono, em 1919. Seu experimento figurou em manchetes porque ele tinha "dividido o átomo" e realizado a transmutação entre elementos. O sonho longamente buscado do alquimista não era uma pedra mítica do Jardim do Éden: era uma câmara de gás e um emissor alfa.[11]

Transformar chumbo em ouro por meio de encantamento sagrado podia não ser viável, mas, se você pegar um elemento como o tálio, reduzi-lo a um gás por meio de fervura, pressurizá-lo e disparar partículas alfa através da amostra, um em cada poucos milhares de átomos de tálio será transformado em ouro.

Construir

O decaimento alfa faz certo sentido para a mente humana porque podemos imaginar alguma coisa se despedaçando quando a repulsão supera a atração. Há uma outra coisa que pode acontecer dentro do núcleo, porém, que não pode ser visualizada tão facilmente. Nêutrons podem se transformar em prótons e nisso cuspir um elétron.

Há um relato detalhado de como isso acontece no Apêndice IV, mas ele nos desviaria de nosso caminho neste ponto. A melhor coisa a fazer é contornar e pensar num nêutron como sendo um próton com um elétron enrolado à sua volta, como um papel de bala. Se o elétron for retirado e descartado, a partícula resultante será um próton.

Chamamos de radiação beta esses fluxos de elétrons ejetados, e, diferentemente da radiação alfa, que só acontece com núcleos pesados, a transformação nêutron/próton pode ocorrer em qualquer elemento. Alguns são mais suscetíveis que outros (aqueles com mais nêutrons), mas qualquer átomo é potencialmente beta radioativo.

$$\text{(n)} \longrightarrow \text{(p)} + e$$

radiação beta

Se pudéssemos persuadir um elemento a transformar um de seus nêutrons num próton, poderíamos obter um elemento um número mais alto do que aquele com que começamos: o processo de Rutherford ao contrário. Mas antes, bananas.

Bananas

As partículas radioativas são carregadas e se movem em alta velocidade, o que significa que destroem coisas em seu caminho, inclusive as substâncias químicas de nosso corpo.

Se ficarmos suficientemente expostos a feixes radiativos, o DNA em nossas células se desmantelará e nosso corpo se desintegrará de dentro para fora. Em geral, as partes de crescimento mais rápido (cabelo e unhas) são afetadas primeiro, razão pela qual caem sob efeito síndrome da radiação. Depois, todos os tipos de coisas adoráveis acontecem, como a pele descascar, os dentes caírem e as vísceras se dissolverem gradualmente numa papa desordenada.

Para monitorar a radiatividade a que uma pessoa está exposta, medimos a dosagem em unidades chamadas sieverts. Um sievert é quanta energia um feixe radioativo está carregando em comparação com a massa da pessoa na qual está entrando.

Não há números claros de quantos sieverts são perigosos para um ser humano, mas é em torno de cinco centésimos de um sievert por ano que as coisas se tornam problemáticas.[12] A coisa mais radioativa com que você provavelmente se deparou foram aparelhos para radiografar os dentes ou para fazer mamografia, que liberam aproximadamente 0,0004 centésimos de um sievert. Uma dose completamente segura, em outras palavras.

Há uma outra unidade que pode ser usada para medir exposição radioativa: a banana.

A primeira coisa a dizer aqui é que certos núcleos são mais estáveis que outros. Usando a equação de Schrödinger para prótons e nêutrons, podemos obter uma lista de valores de núcleo especialmente estáveis, que são genuinamente chamados de "números mágicos". Não há um acordo sobre como isso funciona — simplesmente sabemos que certos números de prótons e nêutrons são bons e outros são ruins.

O potássio é um excelente exemplo. A maior parte dos átomos de potássio no Universo é estável com dezenove prótons e vinte nêutrons, mas cerca de 0,012% deles têm em vez disso 21 nêutrons, o que os transforma em potássio−40, e por acaso essa configuração é instável.

O potássio−40 sofrerá decaimento beta rapidamente, por isso qualquer amostra de potássio estará emitindo um levíssimo gotejamento de radioatividade, e a fruta que contém mais potássio é a humilde banana.

Criada originalmente como uma brincadeira, em 1995 por Gary Mansfield no Lawrence Livermore National Laboratory, a "dose equivalente a uma banana" (BED, na sigla em inglês) calcula a quantidade de radioatividade que uma pessoa provavelmente experimentará por comer uma única banana, e pode ser usada para calcular a radioatividade em nossa comida.[13]

Mas não fique alarmado: um BED chega a apenas menos de um milionésimo de um sievert; assim, antes que você boicote as bananas, façamos os cálculos. Se supusermos que cinco centésimos de um sievert por ano é uma dose letal, você teria que consumir 5 mil bananas muito rapidamente para que isso fosse perigoso. São catorze bananas por dia. Durante um ano. Se você realmente quer tentar esse experimento, sugiro que consulte um médico antes. E provavelmente um psiquiatra.

Voltemos a brincar de ser Deus

Em 1940, o químico americano Dale Corson isolou o elemento 85, o astato.[14] Previsto pela tabela de Mendeleiev, ele foi o último elemento natural a ser descoberto.

Sua inserção no devido lugar nos deu uma tabela periódica que ia do 1 ao 92 sem nenhuma lacuna. Do hidrogênio formado no big bang ao urânio formado em supernovas, cada elemento estava finalmente identificado. Mas poderíamos ir mais longe e gerar nossos próprios elementos com números mais elevados?

Em *Homem de Ferro 2*, Tony Stark está procurando um elemento para energizar sua armadura antes que ela o mate envenenado com paládio. Contudo, não existe nenhum metal apropriado, e assim, para salvar o filme e derrotar Mickey Rourke, ele fabrica um novo elemento usando um laser de uv e seu puro encanto carismático.[15]

Já sabemos que não há elementos faltando na tabela periódica, de modo que o elemento sem nome criado por Stark será feito de átomos enormes e, portanto, intensamente radioativo. Meu roteiro para *Homem de Ferro 3* centrava-se em Tony Stark vomitando num balde daqueles de hospital durante duas horas enquanto a radioatividade destruía lentamente seus órgãos internos. Por alguma razão, o roteiro que eles finalmente escolheram foi por outro caminho. Azar o deles.

Em 1940, Edwin McMillan decidiu se antecipar a Tony Stark e fazer um novo elemento para si. Pegou um pedaço de urânio e disparou um fluxo de nêutrons de alta energia sobre ele, até que alguns foram absorvidos. Um núcleo de urânio pode aceitar um nêutron, mas isso o torna instável.

Para perder alguma energia, um dos nêutrons tem de sofrer um decaimento beta, expulsando um elétron e convertendo-se num próton. Agora o átomo de urânio tem um próton extra no lugar de um nêutron, por isso não é mais realmente urânio. É o elemento 93.

Por 14 bilhões de anos o nonagésimo terceiro elemento não existiu no Universo, e então de repente, na Terra em 1940, passou a existir.[16]

O urânio tinha sido nomeado em alusão ao planeta Urano, assim McMillan batizou seu elemento de netúnio, remetendo ao planeta seguinte. Mais tarde no mesmo ano, como parte do Projeto Manhattan, Glenn Seaborg conseguiu sintetizar o elemento 94. Este é muito mais estável que o netúnio, por isso, embora o netúnio tenha sido o primeiro elemento artificial, o de Seaborg pôde realmente ser produzido em pedaços grandes o suficiente para serem segurados. É um metal reluzente, com toxicidade comparável à do agente nervoso, e Seaborg o chamou de plutônio para manter o tema planetário.[17]

Durante o resto da Segunda Guerra Mundial, e depois, Seaborg foi em frente para sintetizar o amerício (elemento 95, assim chamado em homenagem à América), o cúrio (elemento 96, batizado em homenagem a Marie Curie) e o berquélio (elemento 97, nomeado em homenagem a Berkeley, Califórnia, onde a pesquisa foi realizada).

Esses experimentos foram classificados como altamente confidenciais no âmbito do esforço de guerra, mas depois que ela terminou Seaborg recebeu permissão para apresentar suas descobertas à Sociedade Americana de Química em 16 de novembro de 1945. No entanto, ele acidentalmente deu com a língua nos dentes cinco dias antes.

Um ávido divulgador da ciência, Seaborg foi convidado a participar do programa infantil de rádio *Quiz Kids* e responder a perguntas sobre física. Quando um menino de onze anos chamado Richard Williams lhe perguntou se algum dia as pessoas fariam novos elementos (não se dando conta de que estava falando com o maior especialista do mundo exatamente nesse tópico), Seaborg foi incapaz de conter seu entusiasmo e botou para fora as descobertas sigilosas, ao vivo no ar, para grande aborrecimento de seus superiores.[18]

Mas podemos censurá-lo? Ele estava cercado por mentes ávidas, perguntando-lhe tudo que sabia sobre seu assunto favorito. Poderíamos dizer que estava no seu elemento. Esperei oito capítulos para soltar essa piada.

Completando a tabela

A tabela periódica se divide em sete períodos que representam as sete camadas eletrônicas, e dezoito grupos que representam quantos elétrons ocupam cada uma. Como resultado, a tabela tem 118 espaços. Com 92 ocorrendo naturalmente, isto nos dá 26 espaços vazios a preencher.

Seaborg teve sorte com seus elementos porque eles eram todos razoavelmente estáveis. Se tivesse continuado, teria descoberto que as coisas ficavam muito mais difíceis. Forçar núcleos a ganhar peso não é fácil porque, quanto maiores eles ficam, mais repulsão há entre os prótons.

A melhor abordagem é tomar amostras de um elemento já grande e bombardeá-las com núcleos menores na esperança de que eles sejam absorvidos. Em 1950, o califórnio foi produzido disparando-se partículas alfa em cúrio, e einstênio e férmio foram feitos em 1952 por meio de um procedimento semelhante. Usamos também essa técnica para criar elementos de número mais baixo que são normalmente raros na natureza. O frâncio é o segundo elemento mais escasso da tabela (atrás do astato), com aproximadamente trinta gramas disponíveis na crosta da Terra. Mas, se disparamos um átomo de oxigênio sobre um pedaço de ouro, podemos gerá-lo.

Podemos também criar provisões de tecnécio, elemento 43, que tem um núcleo instável e normalmente não dura. Vale a pena fazê-lo porque ele compõe 80% dos contrastes médicos do mundo, injetados no corpo para monitorar o fluxo sanguíneo.

Fazer elementos artificiais é uma operação de precisão, é claro. Dispare os núcleos devagar demais e eles ricocheteiam; vá depressa demais e tudo se despedaça. Mas, durante o último meio século, fomos nos aproximando progressivamente de uma tabela completa.

Disparamos átomos de carbono contra amerício e cúrio para fazer mendelévio e nobélio. Disparamos neônio contra einstênio e fizemos laurêncio. Disparamos neônio contra plutônio e fizemos rutherfórdio.

No princípio dos anos 2000, tínhamos dúbnio, seabórgio, bóhrio, hássio, meitnério, darmstádtio, roentgênio, copernício, fleróvio e livermório, deixando apenas quatro ainda por descobrir. Os números que faltavam eram 113, 115, 117 e 118.

Nessa altura, o canto inferior direito da tabela periódica parecia uma fileira de dentes esmurrados. Então, em novembro de 2016, a União Internacional de Química Pura e Aplicada anunciou a síntese bem-sucedida de nihônio, moscóvio, tennesso e finalmente o oganessônio. A tabela periódica estava finalmente completa.[19]

Alguns desses elementos artificiais podem parecer experimentação inútil, mas muitos deles podem ser úteis. Você provavelmente tem uma amostra de amerício, elemento 95, em sua casa neste momento. Ou eu espero que tenha.

O amerício emite partículas alfa constantemente, por isso se você o põe num circuito aberto as partículas carregadas podem voar por uma lacuna até um receptor e completar o circuito sem fios. Quando partículas de fumaça ou poeira flutuam para dentro dessa lacuna, o fluxo alfa é bloqueado e um alarme dispara. É assim que seu detector de fumaça funciona.

O fim de tudo

Agora que chegamos até o elemento 118 e completamos a tabela, poderíamos ir mais longe? A resposta sincera é que não sabemos ao certo. O oganessônio representa a sétima camada preenchida, mas poderia haver uma oitava ou mesmo uma nona camada.

Seaborg suspeitava que a tabela periódica poderia parar quando chegássemos ao elemento 126, porque esse é um número mágico e acima disso as repulsões entre os prótons seriam fortes demais, por mais nêutrons que incluíssemos. Ele foi até chamado de unbihéxio, como um nome temporário.[20] Outros físicos especulam que poderíamos seguir em frente para criar um nono período, ou um décimo e um décimo primeiro sem limite. Não sabemos o suficiente sobre o núcleo para afirmar com certeza, por isso a única coisa sensata a fazer é tentar. E esse é o objetivo da ciência: ver o que poderia ser possível.

9. Esquerdistas

O mais fácil prêmio Nobel já ganho

Vinte anos atrás, se você perguntasse a um cientista qual era o elemento que mais conduz eletricidade, ele teria dito prata. A única razão pela qual não a usamos em eletrônica é que o cobre é mais barato.

Então em 2004 dois físicos ganharam um prêmio Nobel fazendo um outro elemento conduzir melhor com um pedaço de fita adesiva. Os físicos russos Konstantin "Kostya" Novoselov e Andre Geim (de quem você talvez se lembre como o cientista que fez rãs levitarem em 1997[1]) estavam trabalhando com grafita, a forma macia de carbono usada para fazer lápis. Sendo um material quebradiço, a grafita tende a se tornar escamosa, e os cientistas estavam usando fita adesiva para limpar suas amostras. Colando-se fita adesiva na grafita e removendo-se o excesso de poeira, o resultado era uma nova superfície reluzente.[2] Observar isso foi o que deu uma ideia a Novoselov e Geim.

Ao colar a fita num pedaço de grafita já limpa, você pode extrair uma única camada de carbono, com não mais de um átomo de espessura. Essa substância peculiar, que eles chamaram de grafeno, é arranjada como uma tela de arame hexagonal de átomos de carbono e tem muitas propriedades incomuns. Não só é duzentas vezes mais forte que aço como é também transparente e pode ser usada como uma peneira para filtrar o sal da água do mar.[3]

Além de tudo isso, o grafeno tem uma condutividade elétrica melhor que a da prata. Medimos a condutividade elétrica em unidades chamadas siemens (pronuncia-se zimens) por metro. A prata tem uma condutividade de 60 milhões de siemens por metro e o grafeno é ainda melhor, embora por enquanto ninguém tenha sido capaz de chegar a um acordo sobre uma leitura definitiva.[4] O que torna isso surpreendente é que o carbono não é um metal, e em geral somente os metais é que conduzem. Alguma coisa muito estranha está acontecendo.

O que é um metal?

Quando ouvimos a palavra "metal" todos nós imaginamos a mesma coisa: Ian "Lemmy" Kilmister, o baixista/vocalista do Motörhead, a banda de rock inglesa. Que Deus o tenha.

Depois disso tendemos a pensar em sólidos acinzentados que são duros e reluzentes. Quando o fazemos, o que realmente pensamos é em aço, titânio, alumínio e crômio, os quatro metais que dominam nossa experiência cotidiana, mas metais têm todos os tipos de aparências e propriedades distintas.

O bismuto forma cristais quadrados labirínticos, que brilham como óleo numa poça, ao passo que o lutécio e o túlio são encontrados em tufos fibrosos que parecem pedaços de carne rasgada. O nióbio é uma prata fosca logo que isolado, mas se passarmos uma corrente elétrica por ele, ganha as cores do arco-íris.

Alguns metais apresentam magnetismo (ferro, cobalto, níquel, térbio e gadolínio), enquanto outros não são eles mesmos magnéticos, mas reforçarão a propriedade naqueles cinco (neodímio). Alguns metais permanecerão sólidos quando aquecidos a mais de 3000°C (tungstênio), enquanto outros se derreterão na palma de nossa mão (gálio). A reatividade deles também varia: do ouro, que não se corroerá nem mesmo em ácido, ao érbio, que explode se o aquecemos suavemente.

Com um espectro de comportamento tão amplo, o que os une? A resposta é que um metal é um elemento que sempre conduzirá eletricidade. É verdade que o carbono conduzirá no estado de grafeno, mas os metais irão conduzir independentemente do estado em que estejam.

Para compreender a química dos metais precisamos compreender a eletricidade, e essa história começa no Egito Antigo.

O primeiro Faraó

Em 3100 a.C. o reino do Egito foi unido pela primeira vez, sob o domínio de Narmer, o faraó original. Muito se debate sobre a verdadeira identidade de Narmer, mas conhecemos o significado de seu nome com alguma segurança: Narmer significa bagre zangado.[5]

Pode parecer estranho que um faraó adotasse o nome de um peixe de rio, mas na cultura egípcia os bagres eram os senhores do Nilo e uma das criaturas mais veneradas do mundo.

É verdade que em sua maioria os bagres são monstruosidades inúteis, mas o tipo encontrado no Egito é especial. Seu nome científico é *Malapterurus eletricus*, o que significa "bagre-elétrico".

Como a enguia-elétrica da América do Sul, essa criatura possui um órgão especial com a capacidade de dar choques de quatrocentos volts em quem tocar sua pele. Registros do bagre-elétrico são os primeiros exemplos disponíveis de eletricidade, e 5 mil anos se passaram antes que seres humanos pudessem se gabar de um controle similar do fenômeno.

Chocante

É uma verdadeira tragédia que o homem que descobriu a eletricidade seja geralmente esquecido. O cientista grego Tales (aquele que caiu no buraco) já tinha descoberto que esfregar pedaços de âmbar em lã fazia com que eles ganhassem uma propriedade crepitante, que sob as circunstâncias certas produzia faíscas, mas foi um experimentador inglês chamado Stephen Gray que descobriu o que concebemos como uma corrente elétrica.

Uma das razões pelas quais o trabalho de Gray foi negligenciado é que ele cometeu o erro de pedir a um outro cientista que o ajudasse a desenvolvê-lo. Esse cientista era John Flamsteed, que vinha a ser um inimigo mortal de Sir Isaac Newton.

Newton era um personagem socialmente cruel, até ardiloso, que usava sua posição como chefe da Royal Society para desmerecer e enterrar o trabalho de pessoas de quem não gostava, inclusive Flamsteed.[6] Consequentemente, grande parte dos feitos de Flamsteed e Gray foi ignorada. É preciso dizer que, embora Newton tenha sido uma das mentes mais excepcionais na história, ele também foi um idiota algumas vezes. Assim, vamos restabelecer o equilíbrio e dar a Stephen Gray o que lhe é devido.

Nascido em 1666, Gray trabalhou como tintureiro a maior parte da sua vida e só se dedicava à ciência como um hobby. Ele descobriu a eletricidade aos 42 anos, certa noite em seu quarto de dormir, quando brincava com um instrumento tosco usado para gerar eletricidade estática — um tubo de vidro.

Geradores de eletricidade estática existiam desde 1661, inventados pelo político alemão Otto von Guericke, mas Gray não tinha dinheiro para comprar um equipamento tão luxuoso. Ele tinha de se contentar em esfregar um bastão de vidro em pelo de coelho e batê-lo de leve em qualquer coisa que estivesse por perto na esperança de criar um choque.

Gray ficou curioso com o fato de que o bastão, se posto no chão após ser esfregado, parecia perder sua eletricidade e não voltava a dar choque em nada até que fosse recarregado.

Naquela noite, ele decidiu enfiar a ponta do bastão num pedaço de cortiça e descobriu que, quando batia a ponta com a rolha contra um monte de penas, ela lançava faíscas. O vidro tinha sido esfregado, mas de alguma maneira a rolha era capaz de transferir a eletricidade através de si mesma. O que quer que a eletricidade fosse, ela podia fluir.

Empolgado com esse resultado, Gray montou uma espécie de arreio de seda pendurado no teto, de modo que os objetos não tocassem o chão, e começou a testar coisas para ver se elas transfeririam eletricidade. Após fazer tentativas com legumes, barbante, moedas e qualquer outra coisa que pudesse encontrar, Gray começou a dividir tudo em duas categorias: isolantes, que não transferiam eletricidade, e condutores, que transferiam.[7]

Os melhores condutores foram os metais, situados do lado esquerdo da tabela periódica. Eram tão bons em transferência elétrica que Gray pôde transmitir um choque através de 244 metros de arame pendurados da janela de seu quarto.[8]

Metais conduziam até quando apontavam para cima, o que significava que a eletricidade, o que quer que ela fosse, não era influenciada pela gravidade. Ela continuava entrando no solo, é claro, mas obviamente isso não ocorria por causa de atração gravitacional. Em vez disso, o próprio planeta era um condutor, através do qual a eletricidade fluiria se tivesse oportunidade.

Ainda mais surpreendente entre os resultados obtidos por Gray era o fato de que seres humanos conduziam eletricidade. Pendurando um menino pequeno em seu arreio de seda, Gray foi capaz de torná-lo carregado e gerar faíscas em seu rosto. Essa se tornou a base de uma popular atração de circo chamada "O menino voador", em que espectadores podiam tocar nas pontas dos dedos de uma criança flutuante e receber um choque.[9] Tudo em nome da ciência.

O segredo para essa exibição é que a pele humana está geralmente coberta com uma fina camada de água salgada na forma de suor, permitindo à eletricidade mover-se rapidamente através de sua superfície. Quando os espectadores, que estavam conectados com o solo, tocavam o menino carregado, a eletricidade fluía por sua pele e penetrava na terra, criando o efeito de choque.

Sabemos pelo Capítulo 3 que a eletricidade é feita de elétrons; assim, para explicar todos esses comportamentos devemos nos voltar mais uma vez para a equação de Schrödinger.

Estática

Como sabemos, os elétrons ocupam orbitais em torno de seus núcleos, e átomos reunidos podem misturar orbitais para formar moléculas.

A eletricidade estática acontece porque essa mistura de orbitais não é uma ocorrência rara. De fato, ela acontece quando quaisquer duas superfícies se encontram. Enquanto você está sentado em sua cadeira neste momento, alguns dos elétrons da cadeira estão formando ligações temporárias com os elétrons em suas roupas (pelo menos eu assim espero: por favor não leia meus livros pelado).

Quando você se levanta, a maioria dos elétrons retorna a seus átomos originais e as ligações são rompidas. Elétrons da cadeira voltam para a cadeira e elétrons das roupas voltam para você. Referimo-nos a isso como o efeito triboelétrico, e ele é uma forma fraca de ligação química.

A questão é que algumas moléculas são melhores para segurar elétrons que outras e, quando é o momento de as ligações se romperem, elas nem sempre retornam para sua configuração original.

As moléculas que constituem o cabelo humano, por exemplo, são inábeis para segurar elétrons, ao passo que a borracha é muito boa nisso. Se você puser um pedaço de borracha, por exemplo um balão de encher, contra o seu cabelo, alguns dos elétrons de seu cabelo percebem que se sentem mais felizes continuando com a borracha e se transferem para ela. Como não há limite para o número de elétrons que você pode comprimir numa molécula, a borracha fica contente de aceitar esses viajantes. Quando você se separa da borracha, alguns dos elétrons de seu cabelo permanecem na superfície de seu novo lar e surge um desequilíbrio de carga.

A borracha e o cabelo originalmente não tinham carga total porque os elétrons e os prótons se cancelavam mutuamente, mas, se transferimos elétrons de cabelo para borracha, as coisas parecem diferentes. O balão se vê contendo um excedente de elétrons, ao passo que seu cabelo tem um déficit de elétrons.

O surpreendente é que a transferência de elétrons dessa maneira leva a uma maior estabilidade. Parece errado porque a borracha furtou algo de seu cabelo, mas lembre-se de que estabilidade em termos quânticos significa que "coisas já perderam energia para chegar a esse estado". Duas moléculas podem ser muito mais estáveis caso se dividam, da mesma maneira que um castelo de cartas é muito mais feliz caindo aos pedaços.

O resultado geral é que quando você esfrega um balão em seu cabelo ele furta algo em torno de 200 bilhões de elétrons. Isso parece muito, mas é menos do que um trilionésimo por cento do total de elétrons que seu corpo tem.

Se o balão for agora levado para perto de um condutor (como um pedaço de metal ou o solo), os elétrons se veem diante de um negócio ainda melhor e fluirão para ele, espalhando-se para o mais longe possível uns dos outros. Exceto que dessa vez não estamos falando sobre pequenas ligações sendo formadas, e sim sobre todos os elétrons saltando ao mesmo tempo, criando o infame choque estático.

Quando Stephen Gray esfregava o bastão de vidro, estava depositando em sua superfície elétrons provenientes da pele de coelho. O vidro é um isolante, por isso pode armazenar elétrons em sua superfície e não lhes permitirá flutuar de uma ponta à outra. A cortiça, contudo, era um condutor, por isso os elétrons eram capazes de viajar através dela e penetrar no solo. Seus experimentos com arames foram uma extensão desse mesmo princípio.

Afinal, por que os metais conduzem?

Quando lemos da esquerda para a direita na tabela periódica, estamos aumentando gradualmente o número de prótons no núcleo. Quanto mais carga de prótons tivermos, mais elétrons serão puxados para dentro e menor o átomo se torna, significando que há uma redução no tamanho do átomo ao longo de cada fileira.

Os átomos à esquerda são, portanto, grandes e difusos, com orbitais enormes, frouxos. Seus elétrons estão também a uma grande distância do núcleo, sem nada para os manter no lugar. Isso os torna ideais para compartilhar elétrons com outros átomos, já que os elétrons têm bem pouco incentivo para ficar quietos.

Quando você reúne esses átomos volumosos, seus orbitais começam a se misturar não só numa base de um para um, mas em toda a população. Os átomos ficam tão felizes por compartilhar que, quando você resolve a equação de Schrödinger para descrever milhões de átomos de metal, o resultado é uma espécie de megaorbital — um turbulento alvoroço que os físicos chamam de "o mar dos elétrons". Essa rede de orbitais superpostos significa que elétrons podem facilmente saltar de um lado da estrutura para o outro.

Toque qualquer pedaço de metal e sob as pontas dos seus dedos você tem um enxame de elétrons esvoaçando para frente e para trás à vontade. Esses movimentos são aleatórios, mas se pudermos persuadir os elétrons a viajarem numa só direção ao mesmo tempo teremos uma corrente elétrica.

Em moléculas menores, formadas por elementos à direita da tabela, as lacunas entre os orbitais dificultam o movimento dos elétrons, por isso eles não conduzirão. Isso não significa, é claro, que seja impossível forçar elétron através de um isolante. Teflon, o material mais isolante na Terra, ainda pode ser levado a conduzir, mas precisamos de uma enorme quantidade de energia para persuadir os elétrons a saltar através das lacunas orbitais.

Uma substância com uma condutância de mais de 1 milhão de siemens por metro é classificada como um condutor, ao passo que uma substância abaixo de 0,01 é um isolante. Reconhecidamente, há uma enorme lacuna entre 0,01 e 1 milhão de siemens, mas poucas substâncias caem nessa região. As que o fazem são consideradas "semicondutores".

O esquisitão

Que uma substância seja sólida, líquida ou gasosa depende do quanto as partículas são atraídas umas pelas outras. Moléculas de oxigênio têm pouca atração porque são estáveis, fazendo com que o oxigênio seja um gás a temperatura ambiente. É possível transformá-lo num líquido resfriando-o (curiosidade: oxigênio é azul), mas sob condições normais ele tende a se espalhar.

Por outro lado, os metais são bons compartilhadores de elétrons, o que quer dizer que seus orbitais se superpõem e aglomeram, formando um sólido, com a óbvia exceção do mercúrio, o metal líquido. Uma explicação completa para a liquidez do mercúrio requer conhecimento da teoria da relatividade especial de Einstein, mas podemos compreender o essencial sem nos preocuparmos com isso.

Como em outros metais, os orbitais do mercúrio se projetam em muitas direções como pétalas numa flor para que ele possa conduzir, mas ele está numa posição curiosa na tabela. Situa-se para baixo, o que o torna enorme, mas no lado direito, o que significa que tem muitos prótons puxando os orbitais para dentro. O resultado é que os orbitais estão estendidos o suficiente para se superporem, mas não o bastante para manter os átomos juntos.

Siga para a direita e você aumenta o número de prótons, fazendo com que os átomos se amontoem melhor, resultando num sólido. Mova-se para a esquerda e os orbitais se superpõem melhor, também resultando num sólido.

Os átomos de mercúrio são pouco atraídos para se manterem juntos, mas atraídos o suficiente para permitir que os elétrons saltem de átomo para átomo. O resultado é que mercúrio é um elemento condutor e, portanto, um metal, mas é inquestionavelmente o pior metal na tabela.

O outro esquisitão

Quando viajam através de um pedaço de metal, os elétrons não se movem em linhas perfeitas. Os núcleos vibram e os orbitais internos interferem com os externos. O resultado é que a condutividade nunca acontece perfeitamente e chamamos a coleção de coisas que a retardam de "resistência", medida em ohms. A energia que os elétrons recebem quando são empurrados através do metal é chamada de voltagem (medida em volts). Essas coisas juntas dão origem ao fluxo total de elétrons.

Se pensarmos em voltagem como um punho apertando a extremidade de um tubo de pasta de dente, a resistência é o diâmetro do tubo, e a quantidade real de pasta de dente que esguicha para fora é o que chamamos de corrente, medida em amperes.

Uma bateria de relógio fornece elétrons ao relógio com uma energia de cerca de 1,5 volt. A resistência do circuito a desacelera e acabamos com uma corrente de cerca de cinco milionésimos de um ampere (0,000005 A).

Para efeito de comparação, um raio tem cerca de 100 milhões de volts. Essa eletricidade, contudo, é forçada através do ar, e a corrente total acaba em torno de 5 mil amperes ao chegar ao solo. Passar eletricidade através de não metais como o ar envolve a perda de muita energia.

A condutividade do grafeno é, portanto, muito estranha. O carbono é um não metal na maior parte do tempo, mas quando está arranjado nessas finas hóstias de grafeno, começa a conduzir.

Isso acontece porque os átomos no grafeno estão dispostos em hexágonos planos com cada átomo ligado a três outros.

Como o carbono tem quatro elétrons disponíveis em seus orbitais externos, cada átomo tem um sobressalente que não está envolvido na ligação. Esse elétron pode se mover de átomo para átomo com quase nenhuma obstrução, assim, mesmo uma pequena voltagem produzirá muita corrente.

A diferença entre o grafeno e os metais reside no fato de que ele é quase bidimensional. No metal, elétrons podem mudar de rota e sair explorando em todas as direções, mas no grafeno há menos lugares para onde ir. Ele é praticamente um plano chato, o que significa que os elétrons não têm possibilidade de se mover para cima ou para baixo, o que os torna mais propensos a permanecer no caminho certo.

A eletricidade e você

Em 1886 uma comissão americana de direitos humanos decidiu que a execução de criminosos por enforcamento era desumana, tornando-se necessário um novo método de pena capital. Um dos membros da comissão era Alfred Southwick, um dentista de Nova York que já projetara uma cadeira elétrica vários anos antes. A ideia de Southwick foi aprovada e os testes começaram, apoiados por ninguém menos que o próprio Thomas Edison.[10]

Na época, havia uma batalha em curso sobre que tipo de eletricidade os Estados Unidos deviam adotar. Edison pusera muito dinheiro na eletricidade baseada em baterias e precisava encontrar uma maneira de destruir a reputação da eletricidade magneticamente gerada, preferida por seu rival George Westinghouse. Sua solução era simples, ainda que um pouco repugnante.

Na mais mórbida estratégia de marketing jamais empregada, Edison insistiu que a cadeira elétrica recém-projetada fosse configurada para funcionar com a eletricidade de Westinghouse, para que as pessoas a associassem à morte. Ele testou a cadeira com animais de rua em sua oficina e consta que matou cães, gatos, pássaros, um cavalo e um elefante de circo chamado Topsy (foi atencioso o bastante para filmar este último, e você pode ver isso on-line gratuitamente se gosta desse tipo de coisa).[11]

Pouco depois, a cadeira elétrica foi preparada para sua primeira vítima, William Kemmler, em 1890.[12] Kemmler precisou de mais de quatro minutos de eletrocussão contínua para morrer, com o procedimento parando na metade do caminho até que alguém gritasse: "Meu Deus, ele está vivo!".[13] Muito humano, de fato.

O segredo para a cadeira elétrica é certificar-se de que o corpo humano faz parte de um circuito, o que é realmente muito difícil de realizar. Apesar do que afirmam os desenhos animados das manhãs de sábado, você não é muito fácil de eletrocutar.

Se você algum dia tiver a infelicidade de ficar pendurado num cabo de energia, poderá sentir um formigamento em seus dedos, mas não estará em perigo real. Depois que a eletricidade tiver enchido todos os orbitais disponíveis em sua superfície, não há mais nada que ela possa fazer.

Se, por outro lado, você se conectar com o solo, então você deixa de ser um beco sem saída: torna-se um caminho, e a eletricidade o usará. Se a eletricidade passa sobre você, você está bem, mas se ela passa *através* de você, você está em apuros.

O corpo humano é um bom condutor (você é um saco de água salgada), mas, para complicar as coisas, sua pele é um excelente isolante. Pele seca tem uma resistência de cerca de 100 mil ohms, embora pele molhada absorva água em seus poros e a resistência caia para cerca de 1000 ohms.

Também vale a pena ressaltar que, depois que a eletricidade entra em seu corpo, ela viajará pelo caminho mais fácil disponível. Uma pequenina quantidade pode circular, mas você poderia passar milhares de amperes através de sua mão sem morrer. Isso ainda iria doer, por isso não o faça, mas você não estaria em perigo mortal.

A eletricidade só se torna letal quando passa através de seu coração, pulmões ou cérebro por um tempo prolongado.

Seu coração trabalha da seguinte maneira: a camada externa recebe um choque elétrico de cerca de 0,0000012 amperes a cada segundo, o que o faz contrair-se, espremendo sangue para o seu corpo. Depois lhe é permitido relaxar e se reabrir, absorvendo mais sangue, antes que a coisa toda se repita.

Se uma corrente for empurrada através do coração por um longo tempo, contudo, ele espreme com força e não se reabre, o que significa que não pode receber uma nova carga de sangue. É por isso que pessoas podem sobreviver a raios mas não à cadeira elétrica. A eletricidade do raio pode passar por seu coração, mas o faz apenas por um curto tempo, e seu coração pode retornar ao normal. Se mantivermos a corrente fluindo, estaremos basicamente fazendo a pessoa ter um ataque cardíaco artificial.

Surpreendentemente (ou talvez não), há pouca pesquisa sobre quanta corrente é necessária para levar o coração a fazer isso. A orientação aproximada, baseada em grande parte em evidências anedóticas e num pouco de teoria bioelétrica, sugere que são necessários cerca de 0,05 amperes para matar uma pessoa.

A cadeira elétrica funcionava passando uma corrente de 1 a 7 amperes através do corpo, dependendo da legislação estadual. Isso é cerca de vinte vezes a dosagem letal.

Tipicamente, as duas extremidades do circuito seriam conectadas ao couro cabeludo e ao tornozelo, de modo que a corrente passaria através do cérebro, coração e pulmões juntos, garantindo o mau funcionamento de pelo menos um deles e assegurando uma morte amena. Tenha um bom dia.

10. Ácidos, cristais e luz

Um barril de horrores

Em março de 1949, os jornais ingleses noticiaram um dos crimes mais medonhos já ocorridos na história da Grã-Bretanha desde aqueles de Jack, o Estripador. John George Haigh, a quem no dia 3 daquele mês o *Daily Mirror* se referira como o Assassino Vampiro, foi levado ao tribunal e recebeu seis acusações de homicídio premeditado. Além dos assassinatos em si, o que tornava tudo particularmente repulsivo era a maneira como ele se livrou dos corpos.

Após beber copos do sangue das vítimas, Haigh mergulhava os corpos num barril de quarenta galões, completando-o com ácido sulfúrico concentrado, e deixava por dois dias. A borra restante era despejada num ralo atrás de sua oficina, o que lhe valeu seu outro original apelido, o Assassino do Banho de Ácido.

Ácidos prendem a imaginação das pessoas porque são as substâncias químicas "cruéis" habituais, capazes de corroer um corpo humano e destruir qualquer evidência de que tenha havido uma pessoa ali. Haigh foi apanhado pela única razão de que a solução de sua última vítima, Olive Durand-Deacon, ainda continha parte de sua dentadura, que o dentista dela identificou.

Haigh foi executado por enforcamento em 10 de agosto. Ele afirmou ter feito outras vítimas, mas até hoje elas nunca foram identificadas, tal a perfeição com que os corpos foram descartados.[1]

Queima, queima!

Um ácido é uma substância cujas moléculas se desfazem em água para produzir prótons flutuantes. Prótons são as partículas carregadas no interior de um núcleo, protegidas na maior parte do tempo por seus orbitais de elétrons, mas se eles são liberados quando sua molécula-mãe se dissolve, podem causar danos incalculáveis.

Um próton trapaceiro é uma massa concentrada de carga e irá atrair elétrons para si a qualquer custo. Coisas como vidro ou plástico têm ligações fortes entre os átomos, por isso os ácidos em geral não são capazes de reagir com elas, mas qualquer substância com ligações fracas, inclusive aquelas em seu corpo, será desagregada.

Um ácido pode ser concebido como um suco de prótons, e a maneira mais fácil de gerar uma solução de prótons é certificar-se de que sua molécula inicial contém hidrogênio. O hidrogênio é o elemento mais simples, consistindo em um próton e um elétron, por isso, se seu elétron estiver mais interessado nos outros átomos da molécula-mãe, o próton ficará à deriva.

Considere o cloreto de hidrogênio. Cada molécula consiste em um átomo de H e um átomo de Cl, o que lhe dá a fórmula HCl. O átomo de cloro é muito bom para segurar elétrons, melhor que o hidrogênio, por isso a ligação entre eles não é uma proporção meio a meio — ele é torto, assim:

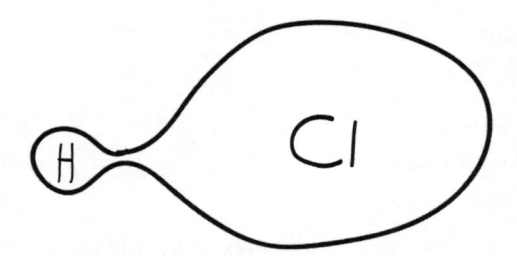

Ponha a coisa toda na água e os dois átomos vão se separar, com o cloro mantendo todos os elétrons e o hidrogênio sendo deixado essencialmente nu.

Esse próton de hidrogênio solitário se distancia, esperando até que apareça alguma outra molécula com a qual ele possa reagir. Geramos ácido clorídrico, o que existe em seu estômago, capaz de dissolver osso.

O ácido mais forte

Medimos a força de um ácido pelo grau de sua disposição para soltar um próton. Os números envolvidos se espalham por uma enorme gama e para expressar usamos algo chamado escala de pK_a. A escala funciona da mesma maneira que a escala Richter para terremotos, em que cada número é dez vezes maior que o anterior. A escala também funciona para trás, por razões com que não precisamos nos preocupar (veja Apêndice v se estiver curioso). Assim, quanto mais baixo for o número, mais forte será o ácido.

Vinagre caseiro tem um pK_a de 5, ao passo que no ácido oxálico, que está presente no ruibarbo, um dos pK_a está mais próximo de 4, o que o torna dez vezes mais potente. Depois há o ácido crômico, um poderoso agente industrial, com um pK_a de 1 — três casas abaixo do oxálico na escala e, portanto, mil vezes mais forte. Para contextualizar, você pode comer ácido oxálico e sentir-se bem, mas o ácido crômico queimará o tecido vivo.

O ácido sulfúrico concentrado que Haigh usava para se desfazer de suas vítimas tem um dos pK_a −3, oito números abaixo do vinagre e, portanto, cem milhões de vezes mais forte.[2] Esta é uma outra maneira de dizer que ácido sulfúrico é cem milhões de vezes melhor para liberar o próton do que vinagre. Mas, se podemos criar moléculas sem absolutamente nenhum interesse em segurar seu hidrogênio, acabamos tendo em mãos (espero que não literalmente) uma classe de substâncias químicas chamadas superácidos.

Ácido perclórico tem um pK_a de −10, que é dez milhões de vezes mais forte que o sulfúrico concentrado, e ácido tríflico tem um pK_a de −14, cem bilhões de vezes mais forte.[3] E isso para não falar no ácido mágico (nome real), que dissolverá até cera de vela.[4]

Se você passar os olhos pela internet, a maioria dos sites de ciência para grande público tende a apontar como o ácido mais forte do mundo algo chamado ácido fluorantimônico, que ostenta um pK_a de −19. Isso é dez quatrilhões de vezes mais forte que o sulfúrico. Ele é usado ocasionalmente na indústria eletrônica para gravar equipamento, mas não merece realmente a medalha de ouro. Essa vai para um ácido tão forte que só foi sintetizado uma vez na história registrada.[5]

O trabalho de um ácido é expulsar hidrogênio, de modo que o melhor ácido será aquele ao qual outros átomos não querem se ligar preferencialmente. E não há átomo melhor para isso que o hélio, o elemento menos reativo na tabela. Se você puder forçar hidrogênio a se ligar com hélio, terá criado a ligação mais fraca que é possível obter, e ela se desfará imediatamente.

Em 1925, o químico Thorfin Hogness conseguiu elaborar com sucesso uma quantidade microscópica de hidro-hélio, que possui um pK_a — prepare-se — de -69.[6] Isso é tão forte que nem há uma palavra para descrever quão mais forte ele é do que o ácido sulfúrico.

A não reatividade do hélio é também responsável por outra propriedade recordista que ele possui: o hélio líquido é o líquido mais fluido no Universo. Quando uma amostra de hélio é resfriada a cerca de $-269°C$, os átomos perdem sua energia de movimento e se assentam em forma líquida. Na maioria dos líquidos os átomos ainda interagem um pouco uns com os outros, mas no hélio eles se mantêm isolados.

Se você pegar uma xícara cheia de hélio líquido e mexê-la uma vez, ele continuará girando para sempre. Qualquer outro líquido iria interagir com o recipiente e ser desacelerado, mas o hélio líquido não sente fricção e continuará girando até o fim dos tempos.[7]

Não iria isso, contudo, constituir uma máquina de moto-perpétuo? A resposta é que, se tentarmos pôr alguma coisa como uma hélice no vórtice giratório, o hélio iria simplesmente fluir em volta dela. A única maneira de fazer com que o hélio líquido trabalhe em alguma coisa seria aquecê-lo, e assim que o fazemos a superfluidez é perdida.

O hélio líquido também desafia a gravidade. No nível da atmosfera o ar empurra tudo para baixo, e perto das bordas de um recipiente alguns líquidos são capazes de subir gradualmente pelos lados, porque estão sendo empurrados pelo ar em um lado, mas não em outro.

A maioria dos líquidos é suficientemente autoatrativa para permanecer unida e não começar a subir pelas paredes, mas o hélio líquido não é a maioria dos líquidos. Ele irá subir pelos lados de um recipiente aberto e se arrastar para fora, esvaziando o recipiente como se quisesse escapar.[8]

Para compreender as propriedades surreais do hélio líquido e do hidro-hélio, iremos viajar para o lado direito da tabela periódica — o domínio dos não metais.

Criaturas egoístas

A maior parte das reações espetaculares e violentas na química ocorre com os não metais porque eles são gananciosos. Como já vimos, os metais são grandes e têm orbitais amistosos e superpostos, mas os átomos à direita são pequenos e agarram seus elétrons firmemente.

O elemento mais reativo é o flúor, que encontramos no Capítulo 1 quando ele estava ateando fogo à água. Um gás ralo e amarelo, o flúor precisa ser transportado em aço denso e vidro à prova de bala, porque captura os elétrons de qualquer outra coisa em que toque.

Por ser tão faminto de elétrons, uma molécula de dois átomos de flúor será perfeitamente simétrica quando os elétrons forem partilhados entre eles. Se o ligarmos com um metal como o césio, contudo, a ligação será desigual, com o flúor ficando com a parte do leão da densidade de elétrons. É semelhante à forma como as moléculas do cloreto de hidrogênio estão arranjadas — os não metais sempre ganham porque não gostam de partilhar.

Essa troca eletrônica significa que átomos de césio se tornam deficientes em elétrons, ao passo que os átomos de flúor se tornam ricos deles. Não é realmente correto continuar chamando-os de átomos, porque não são unidades neutras, por isso nos referimos a eles como "íons".

Íons ainda estão compartilhando elétrons, mas é uma ligação tão desigual que simplesmente imaginamos o césio perdendo elétrons e o flúor ganhando-os.

Você verá diagramas de ligações iônicas em que as partículas estão desenhadas como bolas próximas, como o diagrama no topo da página a seguir. Isso não é estritamente correto, mas ajuda a acompanhar onde os íons estão e como estão arranjados. O diagrama na parte inferior oferece uma imagem ligeiramente mais precisa.

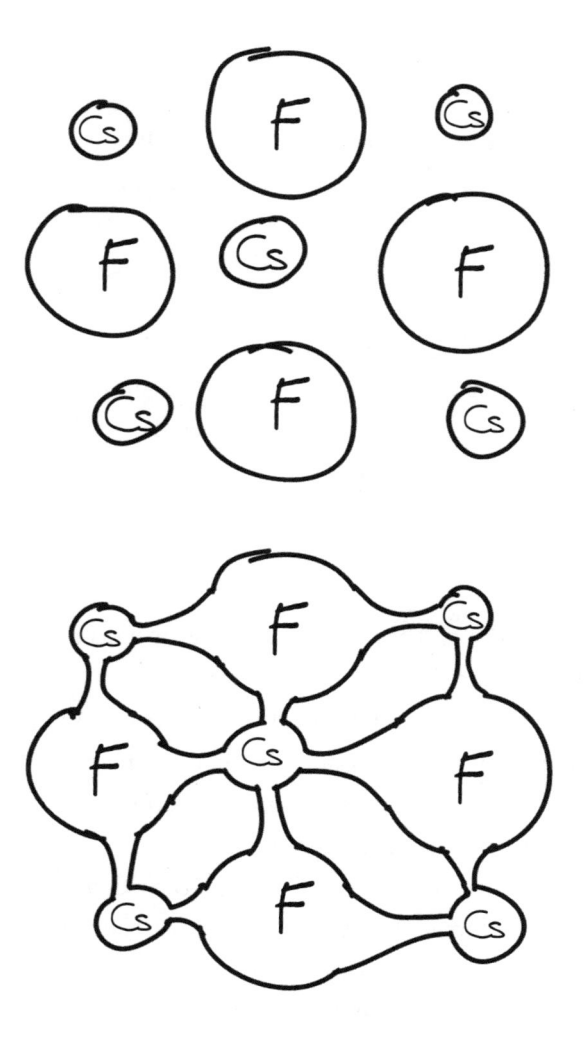

Esse tipo de ligação em que as coisas estão arranjadas numa estrutura em treliça dá origem a propriedades cristalinas. Começando no grupo 13 com boro, não metais tendem a manter seus elétrons em lugares muito específicos, formando grades com bordas afiadas. Isso nos leva a...

Criaturas cintilantes

O boro é o segundo elemento mais duro depois do carbono. Usado na fabricação de colas e vidro, é encontrado em geral ligado com oxigênio e sódio na forma de cristais de bórax exportados do Vale da Morte, Califórnia, o lugar mais quente da Terra.

Cristais de bórax têm uma aparência esbranquiçada e são em geral transparentes, o que não se consegue com metais. Por causa do mar de elétrons, a luz ricocheteará da superfície de um metal, tornando-o opaco. Não metais, por outro lado, seguram seus elétrons em orbitais fixos com lacunas, o que significa que feixes de luz os atravessam em vez de ser refletidos.

Dependendo dos ângulos entre os íons e do tamanho de seus orbitais, um feixe de luz pode emergir de um não metal parecendo muito diferente de quando entrou. Quando a luz é jogada de um lado para outro dentro da matriz cristalina, ela pode perder ou ganhar energia, mudando de cor e dando ao cristal uma aparência diferente.

Os cristais mais comuns na Terra são baseados em silício e oxigênio na forma de SiO_2. São os outros elementos misturados com eles que dão origem aos diferentes minerais que encontramos no solo. Um único pedaço de rocha (um conglomerado de cristais minerais compactados juntos) pode conter dezenas de elementos diferentes, e temos de extraí-los com ácidos ou eletricidade.

De fato, a maior parte dos elementos na tabela foi descoberta pulverizando-se rochas e vendo o que havia dentro delas. Os elementos ítrio, itérbio, érbio e térbio, por exemplo, foram todos descobertos na mesma mina sueca, a partir de um único tipo de rocha.

Os cristais mais apreciados, porém, tendem a ser baseados em oxigênio ligado a alumínio em vez de silício. O óxido de alumínio é em si um cristal branco chamado coríndon, com uma aparência similar à do sal de mesa. Mas, se alguns átomos de crômio se misturam, temos rubi. Substituindo o crômio por titânio ou ferro, obteremos safira.

Os mais preciosos de todos os cristais, os diamantes, são feitos de átomos de carbono formando um arranjo tetraédrico, com cada átomo ligado a quatro outros. E, mais uma vez, são as impurezas que dão as cores. Um pouquinho de boro e seu diamante se torna azul, ao passo que um toque de nitrogênio lhe dará amarelo. Mude os átomos e você muda a cor.

Elementos pretensiosos

Ao atravessarmos qualquer linha da tabela periódica estamos lidando com átomos que abrigam um número cada vez maior de prótons. Os orbitais dos elétrons são absorvidos e, em consequência, tudo à direita é menor e mais ganancioso.

O grupo 17 é onde temos coisas como flúor (incendeia algodão, lã), cloro (uma arma química) e bromo (um desinfetante tóxico). Mas quando chegamos ao grupo 18 algo estranho acontece. Os elementos dessa coluna — hélio, neônio, argônio, kriptônio, xenônio e radônio — são os menos reativos da tabela.

Eles relutam tanto em se envolver em ligações que eram originalmente chamados de gases inertes. Desde então aprendemos que os elementos do grupo 18 se ligarão com outros um pouco, se não puderem evitar. Em consequência, essas substâncias arrogantes são denominadas gases "nobres" (outros grupos têm nomes também, veja Apêndice VI).

Vimos acima que a recusa do hélio a se ligar é o que torna o hidro-hélio o ácido mais forte do mundo, portanto a pergunta óbvia é o que os elementos mais inanimados estão fazendo ao lado de outros como flúor e cloro?

A resposta vem do modo como os elétrons estão distribuídos em torno do núcleo. Os orbitais são fixados em certas formas segundo o livro de regras quântico, mas são também agrupados em distâncias específicas.

O primeiro conjunto de orbitais está amontoado em torno do núcleo, mas o segundo está a uma grande distância. Esse conjunto externo é repelido pelo conjunto interno, e há uma terra de ninguém entre eles.

O diagrama a seguir mostra os níveis de energia do primeiro e do segundo conjuntos de orbitais. Para simplificar estamos ignorando as formas dos orbitais, porque do contrário nosso diagrama pareceria um prato de vísceras de panda.

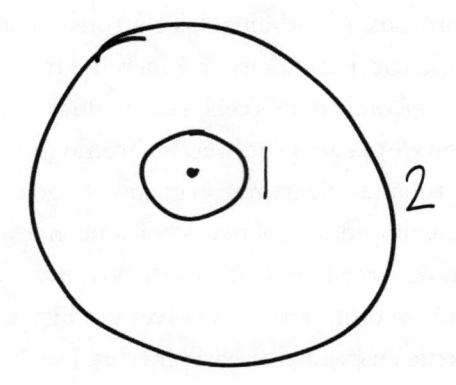

Chamamos esses grupos de orbitais de "camadas", e eles são a razão da tendência periódica que Newlands identificou. À medida que avançamos de um lado de uma linha para o outro, estamos enchendo os orbitais de uma camada específica. Quando uma camada está cheia, saltamos para uma mais elevada e começamos a preenchê-la, iniciando uma nova linha na tabela.

Os gases nobres são os elementos que obtemos quando enchemos completamente uma camada. Como todos os orbitais desses átomos estão cheios, não há onde pôr um novo elétron. Esses átomos são também pequenos (eles estão no lado direito), o que significa que seguram firmemente seus próprios elétrons e não doam nada para os outros.

É portanto improvável que os gases nobres aceitem elétrons ou os doem, o que os torna ruins para se ligar. Algumas dúzias de compostos de gases nobres foram criadas nas últimas décadas, mas não é uma ocorrência comum.

Poderia parecer que esses elementos são inúteis e maçantes, mas sua recusa a reagir os torna úteis. Considere uma lâmpada. O filamento no interior é feito de tungstênio, que brilha intensamente quando eletrificado. O problema é que o tungstênio fica tão quente que começa a reagir com oxigênio. Para evitar esse problema, inundamos as lâmpadas com argônio em vez de ar, para que nada reaja e elas continuem fazendo seu trabalho.

Podemos também usar gases nobres para produzir cores vibrantes deles próprios. Se prendermos uma amostra de gás nobre dentro de um tubo de vidro e fizermos passar uma corrente elétrica, os átomos começarão a vibrar. Os elétrons são empurrados para fora pela energia elétrica, mas eles recuam imediatamente, emitindo feixes de luz específicos.

Quaisquer outros gases começariam a reagir e tudo se rearranjaria para tornar-se estável. Como estável significa que não há mais energia disponível, sua luz se apagaria momentos depois que você a acendesse. Mas gases nobres são tão relutantes em se ligar que apenas continuam pulando para a frente e para trás, emitindo um fluxo constante de luz. Neônio empresta ao tubo um brilho vermelho, hélio emite um brilho laranja; argônio, azul; kriptônio, verde; e xenônio, turquesa. Como o neônio foi o primeiro a ser descoberto, continuamos a nos referir a esses tubos de gás coloridos como "luzes neon", o tipo que você vê do lado de fora das vitrines.

11. Está vivo, está vivo!

O veneno mais tóxico

Em 2006, a mídia mundial noticiou a angustiante morte de Alexander Litvinenko enquanto ele sucumbia a envenenamento por polônio. O que tornou a história tão assustadora, além das implicações políticas, foi a minúscula quantidade de polônio necessária para causar a morte. Estimou-se que Litvinenko consumiu menos de um centésimo de grama, e dentro de três semanas estava morto.[1] Será o polônio a pior coisa que podemos ter em nosso corpo?

Avaliar a toxicidade não é tão simples como poderíamos imaginar. Todo mundo metaboliza as coisas de maneiras diferentes. Só a nicotina se transforma em sete substâncias químicas diferentes, dependendo da pessoa, o que pode explicar por que alguns têm mais dificuldade em parar de fumar. Eles literalmente a transformam numa substância mais viciante.

Isso significa que, se envenenarmos um grande grupo de pessoas, algumas morrerão e algumas sobreviverão, por puro acaso. Para contornar isso, os biólogos usam algo chamado valor LD_{50}, a dose letal que certamente matará 50% de um grupo. O número é dado em mg/kg (quantos miligramas são necessários para matar cada quilo de criatura), e quanto mais baixa a LD_{50}, mais tóxica a substância.

A LD_{50} de cafeína pura é 367 mg/kg.[2] Um filhote de pato, que pesa tipicamente em torno de um quilo, poderia, portanto, ingerir 367 miligramas de cafeína e ter 50% de chance de sobreviver. Um elefante africano macho, por outro lado, pesa 5 mil quilos, logo seriam necessários cerca de dois quilos de cafeína para se ter 50% de confiança de que ele morrerá.

É também difícil citar valores precisos de LD_{50} para seres humanos, porque a única maneira de obtê-los seria envenenar um bando de gente e ver quantos morreriam. Infelizmente houve casos de experimentação em suspeitos inadvertidos, mas em geral esses estudos não são comuns.[3]

Alguns animais podem ser vistos como estreitas aproximações com seres humanos, mas deparamos com os mesmos problemas. Espécies diferentes metabolizam coisas de maneira diferente. O ácido glicurônico é inofensivo para seres humanos e usado no preparo de molhos, mas letal para um gato. Arsênico é tóxico para nós, mas quando acrescentado à comida das galinhas as leva a ganhar massa muscular. A teobromina presente no chocolate pode matar um cão pequeno, mas seu único efeito sobre seres humanos é deixá-los sentindo raiva de si mesmos.

Os animais biologicamente mais próximos de nós, afora os chimpanzés, que não são testados, são os ratos. Seja qual for sua posição ética com relação a testes em animais, o fato é que experimentar uma substância química em ratos é o mais perto que podemos chegar de dados humanos.

Vale a pena lembrar também que substâncias químicas são processadas de maneira diferente dependendo do modo como são absorvidas. Alguns elementos como hólmio são tóxicos como quer que os tomemos, mas algo como o índio só é perigoso se inalado (provavelmente é melhor que você não o ingira também).

Todos esses fatores tornam muito difícil dizer qual é a substância química mais venenosa do mundo. Isso é provavelmente uma coisa boa, mas, já que estamos no assunto, poderíamos muito bem examinar alguns dos candidatos.

Chumbo tem uma LD_{50} de 600 mg/kg, ao passo que o tálio tem LD_{50} de 32 mg/kg, o que o torna vinte vezes mais perigoso. Arsênico, o veneno preferido dos romancistas do século XIX, tem um LD_{50} de 20 mg/kg, ao passo que o fósforo se aproxima de 3 mg/kg.[4]

Se considerarmos apenas a toxicidade, isso torna o fósforo o elemento mais venenoso, mas se incluirmos os efeitos da radioatividade, o polônio o supera de longe. Elementos radioativos não matam apenas interferindo no funcionamento do corpo: eles emitem partículas alfa (veja Capítulo 8), que basicamente rasgam nossas células.

Em razão desse modo adicional de matar, o polônio é o elemento mais mortal. De fato, ninguém sabe qual é a LD_{50} do polônio porque os experimentadores relutam em trabalhar com ele. Mesmo sua poeira pode matar. Mas, dada a quantidade que bastou para matar Litvinenko, a LD_{50} será muito baixa.

Se começarmos a incluir compostos além de elementos, porém, o polônio deixa de ser tão ruim. O dimetil cádmio é frequentemente citado como o composto mais tóxico do mundo, tão tóxico que um milionésimo de grama dissolvido numa tonelada de água é letal.[5] Mas o primeiro prêmio realmente pertence à toxina botulínica, uma substância química produzida pela bactéria *Clostridium botulinum*.

Há diversas variedades, que recebem os nomes de A a H, e a pior é a toxina botulínica H. Bastam dois bilionésimos de grama para matar um adulto completamente desenvolvido.[6] Supondo que a população da Terra seja de cerca de 7 bilhões, seriam necessários apenas catorze gramas (o correspondente a uma colher de chá) para aniquilar toda a espécie. E ela nos mata de uma maneira muito desagradável: paralisando-nos até a morte.

É possível também diluí-la até uma concentração baixa e injetá-la na testa, paralisando os músculos e prevenindo rugas. A toxina botulínica A (não tão mortal) é usada exatamente com essa finalidade, e comercializada sob o nome de Botox®.[7]

Os elementos da vida

Em 1924, o chefe da Associação Médica Americana, Charles Mayo, publicou um cálculo irônico mostrando que, se dividíssemos um corpo humano em pilhas de seus elementos constituintes, seu valor total ficaria em torno de 84 centavos de dólar.[8] O ferro do nosso sangue faria um único prego doméstico, ao passo que o carbono de nossas proteínas daria um saquinho de carvão etc.

Fizemos algo semelhante na introdução quando olhamos para a fórmula química de uma pessoa. É um poderoso lembrete de que os átomos que compõem nossos corpos não são diferentes daqueles que compõem os conteúdos de nossa cozinha.

Muita gente parece incomodada com essa ideia. Uma vez vi um anúncio de revista em que um preocupado freguês é tranquilizado por um cientista que lhe assegura que o sorvete deles "não contém nenhum 4-hidroxi-3-metoxibenzaldeído, somente vanilina natural". O que os autores do anúncio não parecem ter compreendido é que 4-hidroxi-3--metoxibenzaldeído é apenas o nome químico *para* vanilina. Seria como dizer "essa bebida não contém nenhum H_2O, somente água".

Durante a Idade Média, todos pensavam que as criaturas vivas eram feitas de "essências" mágicas diferentes das coisas não vivas. Era uma crença chamada vitalismo, mas, como ocorreu com a maioria das charlatanices antigas, suas incoerências começaram a ficar evidentes na Renascença.

Em 1745, Vincenzo Menghini queimou órgãos humanos até reduzi-los a cinzas e descobriu que era possível extrair pó de ferro dos restos com uma lâmina magnetizada.[9] Ele concluiu que seres humanos tinham de conter o vulgar metal ferro e que, no fim das contas, talvez não fôssemos feitos de ingredientes mágicos.

Em 1828, Friedrich Wöhler foi ainda mais longe fabricando ureia a partir de substâncias químicas de laboratório.[10] A ureia é o principal componente da urina e por isso supunha-se que estivesse além da compreensão humana. Wöhler mostrou que ela era uma molécula absolutamente comum, com a fórmula CH_4N_2O.

Quer gostemos disso ou não, os elementos usados na biologia viva não são diferentes daqueles usados na química estéril. Uma fita de DNA humano contém 204 bilhões de átomos, todos eles carbono, hidrogênio, oxigênio, nitrogênio ou fósforo. Não há nenhuma "essência" adicional para torná-la especial.

O ferro que Menghini descobriu é usado no sangue para ligar moléculas de oxigênio e transportá-las para os diferentes órgãos. Quando o oxigênio chega aonde é necessário, enzimas e proteínas contendo crômio, molibdênio, cobre e zinco ajudam a armazená-lo, enquanto manganês mantém átomos prejudiciais no lugar antes que eles causem dano.

Quando uma mulher está grávida, ela passa nove meses decompondo alimento e reconstituindo os átomos na forma de um bebê. O cálcio presente no leite torna-se o cálcio em nossos ossos, o nitrogênio das batatas torna-se o nitrogênio em nossa pele e o sódio do sal torna-se o sódio em nosso cérebro. Num sentido muito literal, somos o que comemos.

E isso não ocorre só com os animais. As plantas usam magnésio para absorver luz solar e vanádio e molibdênio para ligar nitrogênio proveniente do solo, um nutriente crucial no crescimento. Não importa qual seja o sistema biológico, encontraremos cada pedacinho dele na tabela periódica.

Ouvi ocasionalmente pessoas se referindo à biologia como química aplicada por causa dessa conexão profunda, mas isso não é justo. A biologia é apenas química na sua forma mais maravilhosamente elaborada.

Mas isso tem um preço. Como somos feitos da mesma matéria que o mundo à nossa volta, isso nos torna vulneráveis às mesmas avarias.

Encontrando um equilíbrio

Durante o século XVI, a Alemanha passava por um renascimento científico, e uma de suas figuras mais proeminentes era o grande médico suíço Paracelso. Seu verdadeiro nome era Theophrastus Bombastus von Hohenheim, e ele foi a primeira pessoa a investigar a medicina como uma ciência e não uma superstição (embora acreditasse em gnomos; ninguém é perfeito).

Sua máxima mais famosa, chamada de princípio de Paracelso em sua homenagem, é simples: "A dose faz o veneno." Em outras palavras, algo ser benéfico ou nocivo é uma questão de quantidade.

Mesmo algo como cianeto só é pernicioso acima de certo nível. De fato, sementes de maçã contêm amigdalina, que nosso corpo converte em cianeto, mas precisaríamos comer as sementes de cerca de dezoito maçãs para passar mal (supondo que bananas radioativas não nos matem antes).

O mesmo ocorre com os metais em nosso corpo. Se não tivermos cobre suficiente, nosso sistema imune não pode funcionar, mas se tivermos cobre demais nossos olhos ficarão de uma cor dourada avermelhada. Bonito, sem dúvida, mas você não o apreciaria porque estaria vomitando sangue.

O arsênico é um elemento famoso por seu uso como veneno, mas em pequenas doses pode tratar leucemia.[11] Ele era também o átomo central no Salvarsan, o primeiro medicamento milagroso do mundo e a principal razão pela qual não ouvimos falar muito em sífilis atualmente.[12] Antimônio pode ser administrado como um agente antibacteriano, mas em excesso começa a matar o anfitrião, e uma pequena quantidade de cério pode tratar tuberculose, mas em excesso provocará um ataque cardíaco.[13]

O princípio de Paracelso é a razão pela qual nossa medicação tem uma dosagem recomendada. Acerte na quantidade da substância e você salva vidas; erre nessa quantidade e você acaba com elas.

Por que coisas são venenosas, para princípio de conversa?

A mais pura verdade é que não sabemos por que algumas coisas são ruins para nós e outras são boas. Dado o número de compostos químicos que existem, seria impossível catalogar o efeito de cada um. Só temos conhecimento de ligação molecular desde o fim dos anos 1920, por isso não surpreende que grande parte da biologia ainda esteja fora de nosso alcance. Ela vem desempenhando seu papel há mais de três bilhões de anos, por isso não teríamos como tê-la compreendido em um século.

Seres humanos são um delicado equilíbrio de reações. Se alteramos uma delas podemos provocar uma cadeia de reações e o resultado pode ser imprevisível.

Por exemplo, se você tiver um excesso do elemento telúrio em seu corpo, ele causa um hálito pavoroso, e prata elementar deixará sua pele azul, uma doença conhecida como argirismo.[14] Até nitroglicerina, que conhecemos como um ingrediente ativo da dinamite, é usada para tratar angina, e ninguém sabe ao certo por que ela funciona.[15]

Um dos poucos venenos de cuja ação temos de fato uma boa compreensão é o cianeto. Ele funciona porque as moléculas de cianeto se ligam muito fortemente ao ferro. Se por acaso elas se ligam ao ferro no centro de uma molécula chamada citocromo C oxidase, o ferro não pode mais ser usado e a coisa toda para de funcionar.

Isso é uma péssima notícia, porque citocromo C oxidase é a molécula de que precisamos para extrair energia dos alimentos. Desligá-la significa que essencialmente morremos de fome numa questão de minutos, em vez de semanas.

Sabemos também que alguns elementos, particularmente metais pesados, são venenosos porque são similares a elementos de que nosso corpo precisa e enzimas podem incorporá--los acidentalmente.

O zinco é necessário para o crescimento, e o elemento cádmio tem um tamanho similar, por isso se você o ingerir o corpo começa a construir enzimas com cádmio em vez de zinco. O cádmio, no entanto, não tem os orbitais certos para interagir com as substâncias químicas em nosso corpo, e o resultado é que sofremos de envenenamento por cádmio. Nosso corpo para de crescer.

O envenenamento por chumbo ocorre porque esse elemento tem o mesmo tamanho que o cálcio, necessário para fabricar células vermelhas do sangue, por isso se nosso corpo absorve chumbo em excesso não podemos fabricar sangue. O mercúrio é ainda pior, porque tem o tamanho certo para passar através das membranas que envolvem nosso cérebro. Depois que entra, pode afetar nosso sistema nervoso, sem falar em nossos padrões de pensamento.

A maioria das pessoas evita mercúrio exatamente por essa razão, mas, durante o século XIX, nitrato de mercúrio aquecido era usado como um ingrediente essencial no preparo de feltro para chapéus. Como era de esperar, pessoas na indústria de chapéus logo ganharam a fama de ter um parafuso a menos, donde a expressão inglesa *"mad as a hatter"*, louco como um chapeleiro.*[16]

---

* Não temos essa expressão em português, mas quem leu *Alice no País das Maravilhas* está familiarizado com a figura de um chapeleiro louco... (N. T.)

O fogo interior

Executar todas essas reações é exaustivo para nosso corpo, que requer um constante fornecimento de energia para permanecer vivo, por isso nós a obtemos ingerindo açúcar e ateando-lhe fogo.

Num contexto químico, açúcar não designa uma substância química, mas uma coleção delas. Elas são todas feitas de átomos de carbono, oxigênio e hidrogênio enlaçados em hexágonos ou pentágonos, e as comidas na nossa cozinha são uma mescla de dois tipos, chamados sacarose e frutose. Os diferentes tipos de açúcar que podemos comprar — de confeiteiro, refinado, cristal etc. — referem-se ao tamanho dos cristais, e não às próprias substâncias químicas.

A maior parte dos alimentos que comemos contém açúcares, que o organismo decompõe no menor tipo, glicose ($C_6H_{12}O_6$). As moléculas de glicose entram então numa sequência de reações que as converte em água e dióxido de carbono. A água é perdida através do suor e o dióxido de carbono se dissolve em nosso sangue, onde é transportado para os pulmões e expirado. O ar que você está exalando agora é feito da comida que você comeu esta manhã.

Os átomos C, H e O originais são então reembalados numa molécula extremamente instável chamada trifosfato de adenosina ou ATP. O ATP tem uma cadeia de óxidos de fósforo pendurados nele, que se desprenderão a qualquer momento, liberando luz e calor ao fazê-lo. Essa energia pode ser absorvida por outras moléculas e é usada para conduzir todas as reações numa célula.

Todo o procedimento é controlado pela maquinaria molecular que oscila para dentro e para fora de modo a assegurar que as reações corretas aconteçam no momento certo, e seu descobridor, Hans Krebs, faturou um prêmio Nobel por mapear toda a folia.

Essa é a razão pela qual precisamos de comida, em primeiro lugar. Sem açúcares não poderíamos fornecer energia para conduzir todas as outras reações químicas que fazem de nós uma coisa viva. Com exceção de uma espécie (*Spinoloricus cinziae*, que parece ter desenvolvido uma maneira diferente de obter energia), todas as criaturas na Terra levam a cabo a reação de Krebs.

Ela é chamada de respiração, do latim *spirare* (respirar), e quimicamente falando é a mesma coisa que fogo. Algumas substâncias químicas reagem com oxigênio, produzindo dióxido de carbono, água, calor e luz no processo. Somos todos fábricas de fogo ambulantes.

A única razão pela qual não estamos em perigo é que isso acontece em vários estágios e numa escala muito pequena. Ainda bem, porque de outro modo irromperíamos em chamas espontaneamente. Por falar nisso...

A fornalha interior

O mais antigo registro de combustão humana espontânea foi a morte de um cavaleiro polonês anônimo no início do século XVI, sob o reinado da rainha Bona Sforza. O episódio aparece num livro de 1654 escrito por Thomas Bartholin, que o ouviu como um relato em segunda mão de Adolphus

Vorstius, que o ouviu de seu pai, que afirmava ter visto uma vez um documento onde ele estava escrito.[17] Originalmente em latim, a breve descrição se traduz como "ele tomou duas taças de vinho quente, em seguida vomitou chamas e foi torrado".

Combustão humana espontânea (CHE) é um assunto controverso porque ninguém concorda quanto à sua ocorrência. A ideia de que uma pessoa pode pegar fogo sem ignição externa é muito dramática, mas aparentemente tão rara que é impossível encontrar pesquisa sólida. Não é como se pudéssemos estudar um grupo de pessoas e ver qual delas entra em combustão espontânea. É espontâneo.

A maioria dos relatos de CHE é como o do cavaleiro polonês acima: descrições espúrias em segunda mão e provavelmente nada além de histórias de assombração. Além disso, os registros que de fato dão detalhes são em geral fáceis de explicar. Mas é um tópico interessante que captura a imaginação, por isso vale a pena examiná-lo.

Na maioria dos casos de CHE os restos de um corpo humano são encontrados carbonizados ou liquefeitos, com exceção dos pés e das mãos. Os ossos são transformados em cinzas e, na maior parte das vezes, a mobília ao redor está intacta.

Tratemos primeiro da transformação de ossos em cinzas. Muitas pessoas argumentam que a temperatura desse fogo deve ser violenta para ter tal efeito. Afinal, os fornos em crematórios tipicamente chegam a mais de 980°C.

No entanto, a necessidade dessas temperaturas elevadas decorre do fato de que os crematórios têm de queimar um corpo rapidamente. Uma chama de algumas centenas de graus ainda é suficiente para transformar ossos em cinzas, contanto que seja deixada por várias horas. Se tivermos uma fonte de combustível que dure esse tempo, não há mistério.

A próxima tarefa é explicar o combustível, e em 1998 um cientista chamado John de Haan conduziu uma série de experimentos em que envolveu uma carcaça de porco em pano e ateou fogo numa ponta. Uma vez que a ignição tinha sido fornecida, o conteúdo de água do porco ferveu até secar e a carcaça seca continuou a queimar por cinco horas, destruindo tudo, exceto as patas.[18] A explicação para essa horripilante demonstração é "o efeito pavio".

A gordura subcutânea da maioria dos mamíferos é inflamável, por isso, se a pele for rompida, ela pode derreter e vazar para o pano circundante. O tecido está agora empapado de gordura líquida e queimará como um pavio de vela durante horas, usando a provisão total de gordura corporal como combustível. Isso também explica por que pés e mãos são as únicas coisas que restam: eles têm muito pouco conteúdo de gordura, por isso o fogo os deixa ilesos.

Então como se explica que o resto do aposento seja sempre deixado em paz? Estamos acostumados a ouvir falar de incêndios que saem do controle e edifícios que queimam até a base porque o fogo vai supostamente se espalhar e destruir tudo em seu caminho. Mas, se realmente pensarmos sobre isso, veremos que isso não é verdade.

A maioria dos fogos permanece imóvel e queima para cima, não para fora. A menos que o teto seja muito baixo, um fogo em geral não terá mais nada para queimar depois que o combustível se esgota. Pense em como você é capaz de permanecer bem junto de uma fogueira ou segurar um fósforo aceso sem que sua pele pegue fogo. Ou pense em todos os livros de exercícios que se encontram em laboratórios de química no mundo todo, a centímetros de bicos de Bunsen, nenhum deles pegando fogo.

Podemos segurar um pedaço de papel de seda a uns dois centímetros de uma chama, e ele ainda não pegará fogo. Mesmo que o deslizemos através do próprio fogo, ele apenas se aquecerá.

Fogos que de fato se espalham e viram notícia costumam ser resultado de contato direto. Um incêndio florestal se prolifera porque as árvores tocam umas nas outras ou porque o vento está soprando as chamas de um lugar para outro. Ao contrário do que diz a intuição, fogo não se espalha através do ar com facilidade — do contrário incendiaríamos a atmosfera cada vez que ligássemos um forno ou acendêssemos um cigarro.

Contanto que haja alguma coisa para iniciar o fogo, descobrir uma vítima de CHE nada tem de suspeito e na realidade condiz com a simples ciência. E ocorre que na maioria dos relatos detalhados de CHE há uma fonte óbvia de ignição.

Por exemplo, a morte de Nicole Millet (20 de fevereiro de 1725, Reims, França) é frequentemente citada como combustão humana espontânea, uma vez que ela foi encontrada no assoalho completamente carbonizada, com poucos danos observados ao seu redor. O que tem de ser levado em conta é que Millet era uma alcoólatra e tinha ido "se aquecer perto do fogo" com uma garrafa de bebida alcoólica.[19] Hum...

De maneira semelhante, Mary Reeser (2 de julho de 1951, St. Petersburg, Flórida) foi encontrada queimada numa poltrona, novamente com poucos danos para o aposento afora a cadeira em que estava sentada.[20] Após investigação, contudo, o FBI concluiu que Reeser estava tomando comprimidos para dormir, que a fizeram adormecer enquanto fumava.[21] Hum...

Como cientistas, temos de ser céticos, em particular em relação a afirmações estranhas. Na maior parte dos casos, ocorre que, embora combustões humanas possam acontecer, nada há de espontâneo nisso. E no entanto... Não sei se combustão humana espontânea acontece. Quase todas as afirmações acabam por ter causas óbvias, mas não posso ignorar o fato de que uma ou duas não têm. Das poucas centenas de casos documentados de CHE na história, há um punhado que parece escapar a qualquer explicação.

O caso de Robert Francis Bailey (13 de setembro de 1967, Lambeth, Londres) é um exemplo. Um grupo de pessoas que passava pela frente de uma casa abandonada em Londres relatou uma forte luz bruxuleante no interior e chamou o corpo de bombeiros, que chegou dentro de minutos. Quando eles entraram na casa, contou o comandante de brigada John Stacey, o corpo de Bailey estava enroscado no chão com uma fenda de dez centímetros em seu estômago, da qual emanava uma chama crepitante. O fornecimento de energia elétrica e gás da casa tinha sido desligado e não havia nenhum sinal de fósforos em lugar algum.[22] Então como o fogo começara e por que estava brotando de sua barriga?

Depois há o relato de Raymond Reed, que estava com o 9º Batalhão dos Royal Welsh Fusiliers durante a Segunda Guerra Mundial. O próprio Reed não entrou em combustão, mas relata uma noite em Dorset quando atravessava um campo e uma ovelha próxima explodiu.[23] Supõe-se que a ovelha não estava fumando na cama.

Há também o caso, ocorrido em 1867, do sr. Watt de Garston, cujo cadáver começou de repente a queimar na cripta de uma igreja, muito tempo depois de sua morte por febre tifoide.[24] Não só é improvável que estivesse fumando na cama, como estava encerrado num caixão.

Relatos como esses, se podemos lhes dar crédito (e esse é um grande *se*), são difíceis de racionalizar. O efeito pavio explicaria os restos, mas não parece haver uma fonte de ignição. Mas devemos ser cuidadosos. O mero fato de não termos uma explicação para alguma coisa não significa que temos de aceitar algo fantasioso. Esses relatos não podem ser explicados, mas a coisa sensata a fazer é dizer que não conhecemos a explicação, e não simplesmente aventar qualquer hipótese de que gostemos. Não há nenhuma razão para supor que houve combustão humana espontânea a menos que possamos encontrar evidências para ela diretamente. Do contrário, poderíamos sustentar que todo fogo inexplicado é resultado de combustão espontânea.

Há, no entanto, um detalhe que permeia todos os relatos de combustão espontânea testemunhada e que poderia realmente ser considerado uma potencial evidência: as chamas são sempre descritas como de um azul brilhante e originando-se no intestino.

Em 1993, Gunter Gassmann e Dieter Glindemann mostraram que o interior do intestino humano é capaz de formar uma substância química chamada fosfano, ou fosfina (PH_3).[25] Por si mesma, ela não é inflamável, mas se duas moléculas de fosfano estiverem ligadas elas formam difosfano (P_2H_4), que é. O difosfano pode se inflamar espontaneamente na presença de oxigênio e queimar os outros gases em torno. O principal gás dentro do corpo humano é o metano (CH_4), encontrado sobretudo no intestino e famoso por sua chama azul.

O difosfano frequentemente se forma em condições de pântano, razão pela qual as pessoas ocasionalmente relatam ter observado chamas azuis em torno de charcos e cemitérios. Os chamados fogos-fátuos são na realidade fogos de metano desencadeados pela química do fósforo.

No momento, não há nenhum mecanismo conhecido que provoque a formação de difosfano dentro do intestino, mas *se* houvesse e *se* ela entrasse em contato com oxigênio e *se* houvesse metano o bastante presente, há a remota possibilidade de que um fogo poderia começar.

A resposta cientificamente honesta para a questão de saber se a combustão humana espontânea pode ocorrer ainda é "não sabemos". O difosfano oferece uma possibilidade tentadora, mas especulações não são provas. O que podemos dizer é que, se a combustão humana espontânea realmente acontece, a probabilidade é de um em 1 bilhão.

Deixei claro para os meus amigos que, se por acaso eu for uma das poucas pessoas a morrerem de combustão humana espontânea, eles precisam filmar todo o episódio para que outros cientistas possam aprender alguma coisa. Por isso, se você alguma vez me encontrar e eu estiver me queixando de um problema estomacal, câmeras a postos, por favor.

12. Nove elementos que mudaram o mundo (e um que não o fez)

O experimento mais longo da história

Classificar alguma coisa como um sólido, um líquido ou um gás geralmente é simples. Sólidos não fluem, líquidos fluem mas não podem ser comprimidos e gases são tanto compressíveis quanto capazes de fluir. Essas definições funcionam para a maior parte dos materiais, mas há alguns que não são o que parecem à primeira vista, o que nos leva à nossa última substância química recordista: o piche.

Por vezes chamado de asfalto, o piche é o resíduo preto pegajoso que resta quando se destila petróleo cru. Nós o usamos para fazer nossas estradas, e o que o torna interessante é que embora pareça sólido, não é. As estradas sobre as quais você roda são feitas de líquido.

Em 1902, um cientista anônimo no Royal Scottish Museum, em Edimburgo, derramou uma amostra de piche quente num funil de vidro e o deixou esfriar. Por mais de cem anos o piche escorreu pelo funil e duas gotas caíram num prato embaixo dele.[1] A olho nu, parece uma sujeira preta sólida, mas o que se está contemplando é o líquido mais viscoso conhecido pela humanidade.

Uma versão similar, com um piche ligeiramente mais fluido, foi montada em 1927 na Universidade de Queensland, em Brisbane. Essa pingou nove vezes desde que o experimento começou, tendo a gota mais recente caído em 2014.

Câmeras em *time-lapse* capturaram o lento rastejar desses líquidos, mas ninguém jamais testemunhou o instante preciso em que uma gota cai. Mas não perca a esperança. Se você for a <www.thetenthwatch.com> poderá assistir a uma transmissão ao vivo do experimento de Brisbane enquanto o décimo pingo de líquido se forma lentamente. Não há de quê.

Esses dois experimentos estiveram transcorrendo durante ambas as guerras mundiais, a ascensão e a queda da União Soviética e o lançamento de cada filme *Velozes e furiosos*, o que faz deles os experimentos de mais longa duração da história. Mas, se quiséssemos ser filosóficos por um momento, poderíamos afirmar que um experimento está em curso há um tempo ainda mais longo e estamos bem no meio dele.

O que acontece se você pega a quantidade de elementos equivalente a um planeta, amontoa-os numa bola que orbita uma estrela remota e abandona a coisa toda por 4,5 bilhões de anos? O que acontecerá dentro do núcleo do planeta e o que acontecerá em sua superfície?

O ser humano é um retardatário na longa série de reações químicas realizadas com elementos que existiram desde antes que os dinossauros começassem a vagar por aí. A história dos elementos é também a nossa história, e a tabela periódica esteve ali para cada passo, quer o soubéssemos ou não.

Assim, no capítulo final, quero examinar quais dos elementos foram cruciais para nosso desenvolvimento e quais tiveram o maior impacto sobre esse experimento chamado humanidade.

Volte, zinco!

Há um episódio de *Os Simpsons* em que Bart é obrigado a assistir a um vídeo sobre um garoto chamado Jimmy que deseja viver num mundo sem zinco. Logo ele descobre que a bateria de seu carro não existe mais, o que o impede de ir apanhar sua namorada Betty. Não só isso, o mecanismo rotativo em seu telefone desapareceu, assim como o percussor na arma com que tenta se suicidar. Jimmy de repente acorda gritando "Volte, zinco!" e dá um suspiro de alívio. Tudo não passou de um sonho aterrador.[2]

É uma sátira perfeita dos vídeos educacionais piegas populares nos anos 1950, porque ninguém jamais desejou viver num mundo sem zinco. De fato, conheço alguém que considera o zinco seu elemento favorito, mas a maioria das pessoas provavelmente sabe pouco sobre ele.

E isso é verdade no tocante à maioria dos elementos da tabela. Sabemos que eles existem, mas não pensamos muito sobre o que fazem. Se você sofre de problemas renais, deveria agradecer ao zircônio, porque ele é usado em máquinas de diálise para absorver íons. Se é um fumante, deve seu hábito ao cério, porque ele é um dos únicos metais que produzem centelhas, permitindo que seu isqueiro funcione.

Se você trabalha em soldagem, seus óculos são coloridos com praseodímio para bloquear a luz amarela. Ou talvez você trabalhe na indústria de painéis solares, e nesse caso é com o rutênio que deve ficar empolgado, porque ele absorve a luz solar melhor que qualquer outra coisa.

O micro-ondas que você usa para aquecer suas refeições não funcionaria sem samário. A caneta-tinteiro que seu bisavô usava tinha uma pena feita de irídio, e se você vive na Europa continental as cédulas que gasta estão impregnadas de európio, para detectar falsificação.

Todo mundo terá seu próprio elemento favorito (e se não for o fósforo, o que há de errado com você?), mas podemos defender que alguns desempenharam um papel mais importante que outros.

Poderíamos argumentar que o alumínio foi mais importante que o selênio, por exemplo. Um é usado em construção e fabricação de veículos, ao passo que o outro é usado para descolorir vidro e eliminar a caspa.

Se ignorarmos escolhas óbvias e maçantes, como o oxigênio que respiramos ou o ferro de nosso núcleo planetário, que elementos desempenharam os papéis mais cruciais em nossa evolução cultural, política e tecnológica? Quais tornaram o mundo o que ele é, e quais estão secretamente influenciando nossas vidas diárias sem que sequer percebamos?

Essa foi uma lista difícil de definir, porque assim que eu me decidia por uma escolha sentia imediatamente que estava deixando um elemento importante de fora. O problema é que cada elemento é especial. Bem, todos exceto um.

Uma menção honrosa

Originalmente, eu pretendia que este capítulo fosse uma lista convencional dos "dez mais", mas acabei me decidindo por nove. A razão é que há um elemento que merece uma menção muito especial, mas não se adequa muito bem aos outros.

Ao pesquisar para escrever este livro, aprendi as histórias e características de todos os 118 elementos conhecidos. Cada um é único, seja porque desempenhou um papel importante na história da química, seja porque tem uma propriedade distinta que o torna ideal para um uso particular.

Consegui mencionar cada elemento pelo nome em algum lugar do livro pelo menos uma vez, com exceção do elemento número 66 — disprósio. O elemento mais inútil do mundo.

O disprósio foi isolado por Paul-Émile Lecoq no aparador de sua lareira em 1886 e isso parece extremamente apropriado.[3] É um elemento de aparadores de lareira, se algum dia houve um. Ele existe e provavelmente tem um propósito, mas ninguém sabe qual é.

O disprósio não é nem especialmente raro nem especialmente comum. Ele reage com água, mas não tão bem quanto os metais do grupo 1. Pode ser usado na fabricação de lasers, mas eles não são tão bons quanto os feitos com hélio ou neônio. É ocasionalmente usado em barras de controle nuclear, que impede que as coisas fiquem quentes demais, mas é possível obter o mesmo efeito com índio ou cádmio. O disprósio sempre é derrotado por alguma outra coisa.

Haverá sem dúvida um cientista do disprósio por aí que está neste momento com a boca espumando enquanto lê isto. Mas o disprósio não parece ser exclusivo de nenhuma maneira, o que o torna bastante interessante.

Declaro por meio deste que o disprósio é o único elemento que poderia ser eliminado da história humana e absolutamente nada iria mudar. Nós vos saudamos, disprósio, o elemento mais maçante da tabela periódica.

Bem, continuemos com a lista.

Elemento de eras

O carbono é uma escolha óbvia para dar o pontapé inicial às coisas. Ele é tão vital para nosso mundo que é quase enfadonho. Olhe à sua volta e provavelmente 90% das coisas que está vendo são ou feitas de carbono ou extraídas com ele ou alimentadas por ele. É o elemento que definiu as eras da humanidade.

Estamos por aqui há centenas de milhares de anos, mas o que chamamos de civilização começou com a manipulação de metais. A Idade da Pedra representou a infância primitiva de nossa espécie, mas as Idades do Bronze e do Ferro é que foram os momentos decisivos.

Antes que dominássemos a arte da metalurgia, os únicos metais de que tínhamos conhecimento eram o ouro e ocasionalmente a prata, por isso todos os nossos materiais de construção, armas e ferramentas provinham do choque de rochas umas contra as outras. Então, em algum momento entre 8000 e 3000 a.C., tudo mudou.

A maioria dos metais na natureza está ligada a oxigênio, mas o oxigênio forma ligações melhores com carbono. Isso significa que, se misturarmos carbono suficiente com nosso óxido de metal (rocha) e dermos à coisa toda alguma energia (aquecendo-a), tudo se rearranja em dióxido de carbono e metal puro. Essa técnica, conhecida como fundição, foi a mais importante reação química desde o próprio fogo.

Os primeiros tecnólogos, quem quer que fossem, descobriram que assar rochas na presença de carvão produzia metal. Primeiro começamos a extrair cobre e estanho, dando-nos bronze. Depois, aprendemos como fazer as fogueiras gerarem mais calor e começamos a extrair ferro, anteriormente só encontrado em meteoritos.

No século XIX estávamos queimando o próprio carbono como fonte de combustível, usando-o para fazer funcionar nossos motores a combustão. O carbono tem uma vantagem sobre outros combustíveis porque, em vez de deixar resíduos desagradáveis, ele queima até se converter num gás invisível. Que mal há nisso?

Hoje ainda usamos carbono para nossas usinas de energia, de modo que a eletricidade que você usa muito provavelmente se reduz a carbono também. Foi somente nos últimos sessenta anos que nos demos conta de que todo esse CO_2 tem a incômoda característica de absorver radiação infravermelha, esquentando lentamente nossa atmosfera à medida que as décadas passam.

No lado positivo, o carbono é também a base da química dos polímeros. Pegue uma longa cadeia de átomos de carbono, use hidrogênio para assegurar que cada um tenha o número correto de ligações e, se você emaranha as cadeias viscosas, tem como resultado o plástico.

Imagine um mundo sem plástico, metal ou eletricidade muito difundida e começará a ver por que o carbono é tão importante.

A versatilidade do carbono é resultado de sua localização na tabela periódica. Ele se situa na linha superior, o que faz dele um pequeno átomo capaz de formar ligações firmes, na quarta coluna, o que lhe dá quatro elétrons de ligação disponíveis.

Um elemento como o flúor também está na linha de cima, mas está a apenas um elétron de distância de uma camada preenchida, o que significa que formará uma ligação e então parará. O carbono tem quatro espaços de elétrons, o que significa que pode formar quatro ligações com outros átomos, todas elas fortes.

Outros elementos que formam múltiplas ligações são geralmente grandes demais para que as ligações sejam robustas, por isso o carbono tem o melhor de ambos os mundos, razão pela qual o encontramos em todas as coisas, das membranas de nossas células a nossos telefones celulares.

Ele nos deu os materiais que usamos e a energia para manipulá-los, e agora sua presença no ar está ameaçando desequilibrar o nosso clima. Se há um elemento que alterou o curso da história humana mais que qualquer outro, é o carbono.

Comida para um império

No início do século xix, os exércitos britânicos estavam se expandindo através do globo. As guerras napoleônicas estavam terminando, a escravidão chegava ao fim e o Império se aproximava de sua "idade de ouro". Mas os almirantes e generais dessa implacável máquina militar enfrentavam um problema. Um império só é forte enquanto durar sua provisão de alimentos. Como se consegue comida para milhares de pessoas muito longe do lugar em que ela está sendo produzida?

A resposta foi descoberta por um inventor francês chamado Philippe de Girard, que concebeu um método para vedar comida a vácuo numa lata. Depois que ele testou sua invenção com vários cientistas britânicos, a ideia foi vendida para o engenheiro Bryan Donkin, que começou a aperfeiçoar o método.

Donkin já era um exímio artesão que assessorou a fabricação da máquina diferencial de Babbage e da ponte suspensa de Telford, além de ser o inventor da humilde caneta. Embora a invenção da caneta seja às vezes erroneamente atribuída a John Loud em 1888, Donkin já possuía uma patente em 1803.[4] Vamos apenas registrar corretamente a história da nossa caneta, pessoal.

Em 1813, Donkin havia projetado um método para moldar latas de tal maneira que a comida dentro delas ficaria encerrada sem ar, o que significava que ela poderia durar anos e ser transportada para tão longe quanto necessário.

Depois que a rainha Carlota provou uma lata de sua carne em conserva e elogiou o sabor, Donkin começou a fabricar latas em massa e vendeu-as para a Marinha. As latas permitiram aos países alimentar seus exércitos durante as duas guerras mundiais e hoje mais de 40 bilhões delas são vendidas ao redor mundo anualmente.[5] Embora muitas dessas latas sejam feitas de aço atualmente, é o revestimento de estanho que evita a ferrugem irreversível.

O que também torna o estanho especial não é o que ele faz como um puro metal, mas a maneira como pode modificar outros metais quando eles são misturados, formando o que é chamado de uma "liga".

Sua maciez é uma das razões pelas quais é misturado com cobre para fazer bronze. Quando ligado ao chumbo ele forma peltre, o material de que a maior parte dos talheres era feita até muito recentemente. Quando é misturado com um pouco mais de chumbo obtemos a solda, a "cola" usada em eletrônica para unir arames.

O bronze usado para fazer sinos é uma liga de estanho com cobre. O bronze de canhão, usado para fazer, bem, canhões é uma liga de estanho com cobre e zinco. Chapas de estanho misturado com chumbo são usadas para fazer telhados. Bilhas geralmente são feitas de estanho com cobre e ferro. Galinstan, usado para telescópios, é estanho misturado com gálio e índio, e a lista continua. O estanho é o grande modificador da tabela periódica.

Ele não é tão comum quanto o ferro, mas tem a clara vantagem de ser inoxidável e, por ser facilmente extraído e manipulado, qualquer um pode trabalhar com ele, do mais rico monarca ao mais humilde plebeu. Enquanto exércitos e políticos podem ter elementos valorizados como o ouro, o estanho sempre foi o elemento do povo. Não que o ouro, entretanto, não tenha sido importante também.

Tudo que brilha

A cor do ouro levou muitas culturas ao longo da história a cultuá-lo, frequentemente associando-o ao Sol (a prata sendo ligada à Lua). Ela surge porque o ouro tem grandes lacunas entre os orbitais atômicos, por isso a luz visível perde muita energia quando bate. As cores de energia mais elevada como violeta, azul e verde são absorvidas na superfície metálica enquanto amarelos e laranjas ricocheteiam. Césio e cobre também têm tons amarelos/laranjas, mas nada se compara ao ouro.

Como vimos no Capítulo 3, o ouro foi essencial para a descoberta do núcleo e, portanto, para a própria química moderna. Foi usado porque é o metal mais maleável disponível, tão flexível que 28 gramas seriam suficientes para se fazer um fio que se estendesse por nove vezes a altura do Everest.[6]

Essa facilidade de moldagem, bem como seu brilho, levou também a seu uso em joalheria desde a pré-história, para não mencionar o fato de que ele não embaça. Enquanto outros metais irão gradualmente reagir com o oxigênio, o ouro brilhará para sempre.

É também um metal muito raro. Se fôssemos juntar todos os depósitos de ouro do mundo, chegaríamos a um total de cerca de 170 mil toneladas. Isso mal encheria três piscinas olímpicas.[7]

Essa combinação de maleabilidade, raridade, permanência e beleza é o que o torna tão precioso. Ouro pode ser trocado em qualquer parte do mundo, independentemente dos costumes locais, porque todos o valorizam.

Na Finlândia, as peles de esquilo costumavam ser aceitáveis como dinheiro, e até o século xx a Etiópia usou blocos de sal.[8] O dinheiro é diferente aonde quer que vamos, mas o ouro é reverenciado em toda parte e sempre foi, o que faz dele a única verdadeira moeda internacional.

Alexandre, o Grande, levou o exército grego a conquistar o Império Persa — o maior do mundo — para furtar seu ouro. Júlio César fez a mesma coisa na Europa Ocidental. Também o rei Fernando da Espanha, enviando seus conquistadores para arrancar ouro das Américas (e sabemos como essa história terminou).

As primeiras moedas de ouro foram usadas na China durante o século vi a.C., mas no século xix todos os grandes países do mundo (com exceção da China, ironicamente) estavam usando um padrão de ouro para negócios, tanto internacionais quanto domésticos.

Em razão de sua raridade e peso, porém, moedas de ouro estão longe de ser práticas, por isso os bancos começaram a imprimir contratos que correspondiam a uma certa quantidade de ouro sólido. Isso veio a ser a invenção do próprio dinheiro moderno.

Conhecimento e poder

Alguns dos elementos têm uma dupla personalidade. A mesma substância pode ser de grande benefício para o mundo, mas também causa de dor infinita. Nenhum outro elemento pode reivindicar ter iluminado tantos ou matado tantos quanto o chumbo.

Depois de extraído de seu minério, o chumbo é um metal fosco com três importantes propriedades: densidade, significando que é difícil de quebrar; maleabilidade, significando que pode ser dobrado; e resistência à corrosão, significando que podemos tê-lo em contato com água.

Os romanos mineravam chumbo em grande escala porque o usavam para canalizações e obras hidráulicas. Ferro não é bom porque enferruja, por isso chumbo era usado numa taxa de milhares de toneladas por ano. A própria noção de água levada diretamente às casas das pessoas não tinha sido propriamente explorada até o sistema de canalização romano. Até a palavra inglesa *plumber* [bombeiro ou encanador] vem da palavra latina para chumbo, *plumbum*, porque os especialistas em encanamento eram especialistas em chumbo.

Por causa de sua toxicidade, algumas pessoas especularam que o envenenamento por chumbo contribuiu para o declínio e a derrota final do Império Romano.[9] Isso parece improvável, no entanto, pois o envenenamento por chumbo já era uma doença conhecida e a água em geral não o dissolve o suficiente para alcançar níveis perigosos.[10]

É possível que ferver suco de uva em enormes cubas de chumbo tenha causado envenenamento em alguns integrantes da aristocracia, mas isto é especulação, na melhor das hipóteses. É improvável que o chumbo tenha causado o colapso da civilização romana, mas não se preocupe, ele ainda é responsável por milhões de mortes todos os anos.

Na China do século XIII, percebeu-se que um pequeno tubo de pólvora podia lançar um projétil em alta velocidade quando explodia — a invenção da arma de fogo. A tecnologia difundiu-se para os exércitos europeus e revelou-se que o melhor metal para fazer balas era o chumbo — não só porque é acessível e fácil de manipular, mas porque é tão denso que depois que é disparado a partir do cano da arma continua a seguir numa linha reta. Nenhum outro metal nos permite moldá-lo tão bem sendo ao mesmo tempo denso o suficiente para manter sua trajetória.

Ninguém sabe quantas balas são fabricadas no mundo hoje, mas o número provavelmente supera os dez bilhões por ano: o bastante para haver uma bala por pessoa. É difícil pensar em um mecanismo que tenha causado mais mortes que armas de fogo disparando balas de chumbo.

Mas o chumbo também fez maravilhas por nós. Em 1440 Johannes Gutenberg estava tentando descobrir uma maneira de transmitir informação rapidamente às pessoas. Até então, cada texto e livro tinha de ser copiado à mão. Se uma máquina pudesse ser equipada para fazer o trabalho, livros poderiam ser produzidos numa questão de dias, em vez de meses.

O resultado foi sua prensa tipográfica, alcançável unicamente graças ao chumbo (ligado com um pouco de estanho). Por ser tão maleável, o chumbo podia ser entalhado nas formas precisas de letras de forma. Outros metais podiam ser moldados também, mas a densidade do chumbo significava que martelá-lo repetidamente numa página não fazia com que se desgastasse.[11] As mesmas características que ajudam o chumbo a matar o ajudam a educar.

Beba de uma vez

As pessoas estão vivendo mais hoje em dia. Obviamente uma boa coisa. A única desvantagem é que estamos propensos a doenças relacionadas à idade. Isso levou a muito barulho e alarmismo sobre o aparente aumento do câncer e de doenças cardíacas. Tenho ouvido as pessoas culparem de tudo, de alimentos geneticamente modificados até (perversamente) os próprios medicamentos quimioterápicos, mas uma visão objetiva se resume à análise dos números.

Os seres humanos morrem. Lamento lhe dizer isto. Nossos corpos são frágeis e não foram construídos para durar. Quanto mais velhos ficamos, menos tendemos a funcionar e mais provável se torna que morramos de algo como câncer ou problemas cardíacos. A única razão pela qual temos visto um aparente aumento nessas mortes é que as pessoas estão durando o suficiente para morrer delas. Doenças relacionadas à idade existem há tanto tempo quanto o corpo humano;

ocorre apenas que a maioria das pessoas tendia a se extinguir antes de chegar tão longe.

A morte é sempre desagradável, mas eu diria que doença relacionada à idade é um justo preço a pagar por uma expectativa de vida na casa dos oitenta. Em meados do século XIX a expectativa de vida era 42 anos, sobretudo porque as pessoas morriam na infância, trazendo a média para baixo.[12] A única razão pela qual gozamos de um número mais elevado hoje é simples, e tem pouco a ver com uma dieta livre de glúten ou uma aula de pilates: é que derrotamos os assassinos número um do mundo. Não morremos mais de infecção.

Na década de 1340, centenas de milhões de pessoas morreram de peste bubônica. Entre 1817 e 1917, estima-se que 38 milhões tenham morrido de cólera.[13] Sarampo e varíola foram responsáveis por mais mortes no mundo todo do que qualquer guerra que você queira mencionar, e nem me faça mencionar pólio e a malária.[14] Em muitas partes do globo, essas doenças ainda são desenfreadas, mas no Ocidente temos sorte porque as erradicamos. Muito francamente, morrer de velhice é algo pelo que deveríamos ser gratos. Muitos não têm tanta sorte.

A razão pela qual não estamos vendo epidemias irromperem a cada ano se reduz a duas coisas: vacinação e o elemento número 17, o cloro.

O primeiro uso muito disseminado de cloro ocorreu durante a Primeira Guerra Mundial, quando o químico alemão Fritz Haber o introduziu como uma arma química. Em 1915, ele supervisionou a instalação de 5 mil recipientes com a substância ao longo de uma distância de sete quilômetros da linha de frente ocidental e, quando o vento começou a soprar na direção certa, Haber ordenou que os recipientes fossem abertos. O cloro é um gás verde denso que rola pelo chão como um líquido. Carregado pelo vento, ele foi arrastado para o Exército britânico e tomou suas trincheiras, asfixiando e cegando milhares de homens.

Segundo Herman Lutke, em 1º de maio de 1915 houve uma festa em homenagem a Haber para louvar seu uso simples mas eficaz da química do cloro. Algumas horas depois da festa, sua mulher Clara, famosa pacifista, levou o revólver de serviço de Haber para o jardim e deu um tiro no próprio peito, morrendo momentos depois nos braços do filho.[15] Nesse contexto, o cloro tem uma reputação semelhante à do chumbo, mas, tal como o chumbo, é possível fazer dele um uso muito melhor.

Por ser letal para organismos biológicos, se manejado corretamente ele pode ser usado para matar os patógenos que de outra maneira estariam à espreita em nossos suprimentos de água.

Uma pessoa média no Reino Unido usa cerca de 340 litros de água por dia e essa água tem de ser limpa para deter a propagação de doenças.[16] Até a água da privada tem de ser potável, porque se ela contivesse algo nocivo ele poderia ser transportado pelo ar durante as descargas.

Há algumas alternativas à cloração, como borbulhar ozônio através da água, mas o cloro é a principal escolha para todos os países europeus e a totalidade dos Estados Unidos.

Ele funciona porque o cloro se dissolve para formar ácido hipocloroso (HOCl), que é letal. É o que nos mataria se tivéssemos a infelicidade de inalá-lo como um gás. É fácil removê-lo da água, porém, por isso se o bombeamos em nosso suprimento de água potável ele matará tudo, e depois nós removemos o excesso com carvão ativado.

Embora o acréscimo de flúor à água tenha causado controvérsia (em grande parte porque foi implementado antes que estudos de longo prazo estivessem concluídos), ninguém faz objeção ao cloro. Ele é a principal razão pela qual você não está morto neste momento.

A tela de prata

Todo escritor de não ficção, por mais objetivo que afirme ser, acaba sendo tendencioso ao escrever, pondo suas próprias ideias pessoais nas coisas, muitas vezes sem o perceber. E por falar nisso, você não acha que aipo é horrível? Quase toda a história registrada foi o resultado de relatos de testemunhas e memórias de pessoas, o que torna difícil que eles sejam verificados.

Isso mudou em 1717 quando um químico alemão chamado Johann Schulze deixou uma garrafa de nitrato de prata e calcário no peitoril de sua janela. Schulze pousou a garrafa distraidamente e, quando a pegou alguns minutos depois, ficou surpreso ao ver que ela tinha se tornado marrom. Exceto por uma fina linha branca suspensa no líquido.[17]

Ele olhou pela janela para ver o que poderia ter reagido com sua solução e notou um pedaço de fio pendurado através da janela apresentando exatamente o mesmo traçado que a linha branca dentro da garrafa.

Quando a luz solar bateu no nitrato de prata, ela o fez escurecer, mas onde alguma coisa tinha obscurecido o sol o líquido continuara branco. Schulze havia tirado a primeira fotografia e ela era um líquido. Considerando a descoberta da radioatividade por Henri Becquerel, é estranho constatar quantas vezes deixar um frasco por aí levou a um insight monumental.

Átomos de prata podem ser ligados a moléculas de nitrato em solução, mas com um pouco de energia podem se separar e formar metal sólido. Um pedaço de prata sólida emite um brilho cintilante, mas prata em pó é marrom escuro, mostrando exatamente onde a luz a atingiu.

Foi um inventor francês chamado Joseph "Nicéphore" Niépce que percebeu que pondo compostos de prata num pedaço de papel e focalizando imagens com uma câmera estenopeica era possível criar uma cópia em preto e branco do que estava sendo projetado. Em 1829 ele usou essa técnica para captar a primeira fotografia propriamente dita da janela de seu quarto, *Vista da janela em Le Gras*, que demandou oito horas de tempo de exposição.

Ou pelo menos essa é a história oficial. Em 1777, outro cientista já tinha descoberto que era possível capturar imagens de solução de prata num pedaço de cartão usando amônia. Esse cientista também descobriu a causa do fenômeno, mas nunca aprofundou a pesquisa, negando a si mesmo o título de inventor da fotografia. Esse cientista (e não estou inventando isto) foi ninguém menos que Carl Scheele.

Durante o século seguinte descobrimos outras substâncias químicas de prata que reagiam mais rapidamente que o nitrato e, usando lentes, fomos capazes de intensificar a luz, criando imagens instantâneas de momentos particulares. Não tínhamos mais de confiar em relatos boca a boca ou escritos para armazenar informação: a prata nos permitia capturar imagens das coisas como elas realmente eram.

Os historiadores discordam com relação a quem se apoderou da ideia de fotografias e as enfileirou em rolos de filme, mas a patente para a primeira câmera de cinema parece ter sido registrada por um tal Wordsworth Donisthorpe em 1876.[18] Ele a usou para filmar alguns segundos da Trafalgar Square e deu início à indústria cinematográfica, que em inglês ainda é chamada *the silver screen*, "a tela de prata", em alusão ao elemento envolvido.

A fotografia colorida também depende da prata, mas com substâncias químicas adicionais que respondem a diferentes frequências de luz. Quando luz vermelha atinge a camada de filme que contém a substância química sensível ao vermelho, provoca a formação de pó de prata. O mesmo acontece na camada azul com luz azul, e na camada verde com luz verde.

Acabamos com uma imagem em preto e branco de onde os vermelhos deveriam estar, uma para os azuis e uma para os verdes. Revelando cada camada com o corante correto na ordem correta, podemos recriar a imagem colorida com que começamos.

É difícil imaginar um mundo em que fotografias ou filmes não existiam, porque eles são tão onipresentes. Dependemos deles para nos dar informação confiável, e foi a prata que tornou isso possível. Nos últimos anos, a invenção da tecnologia de edição por computador e das câmeras digitais mudou um pouco as coisas, mas originalmente havia verdade na frase "a câmera não mente".

Destruidora de mundos

Durante muito tempo, a ciência das bombas nucleares foi altamente secreta. Quando o químico Linus Pauling, ganhador do prêmio Nobel, deu uma conferência pública sobre o assunto, um agente do FBI apareceu em seu escritório para interrogá-lo sobre como conhecia o funcionamento de uma bomba tão perfeitamente. Pauling respondeu, muito calmamente, dizendo: "Ninguém me contou, eu descobri".[19] Atualmente, o projeto de uma bomba atômica é bem conhecido e tudo se resume à questão do urânio.

Os átomos de urânio têm 92 prótons em seu núcleo e em geral 146 nêutrons, somando um total de 238 partículas. Mas aproximadamente 0,7% dos átomos de urânio têm em vez disso 143 nêutrons, fazendo urânio 235. Essa combinação de prótons e nêutrons é instável, e quando o núcleo se fratura, ele cospe nêutrons. Esses nêutrons saem voando e são absorvidos por outros núcleos de urânio, tornando-os instáveis e causando outro evento de fissão.

Se você tiver um quilo de urânio, a maior parte de seus nêutrons pode escapar através da superfície do metal, mas depois que você chega a cerca de 47 quilos, o que é chamado de massa crítica, os nêutrons no centro não escapam. A energia se acumula, as fissões se multiplicam e o resultado é uma explosão nuclear.

Talvez seja justo dizer que o ouro dominou a política global até 1945, mas o urânio certamente dominou-a depois. Com 47 quilos dele é possível encerrar uma guerra e iniciar outra.

Em 6 de agosto de 1945, uma bomba de urânio foi detonada sobre Hiroshima, causando a morte de mais de 80 mil pessoas. Três dias mais tarde, uma bomba de plutônio (fabricada a partir de urânio como agente iniciador) foi lançada sobre Nagasaki, matando 40 mil pessoas e pondo fim à Segunda Guerra Mundial.

Com a capacidade de manipular urânio, os Estados Unidos tornaram-se a nação mais poderosa da Terra. Esse tipo de força convida ao desafio. Quatro anos após Hiroshima e Nagasaki, a URSS demonstrou sua própria capacidade nuclear e a Guerra Fria começou, moldando a paisagem tecnológica, cultural e econômica do século XX.

A maioria das armas nucleares hoje é baseada em plutônio, mas o urânio continua sendo o ingrediente iniciador. Não é difícil consegui-lo, entretanto. O urânio era usado na fabricação dos esmaltes das louças Fiesta (comicamente, o governo dos Estados Unidos confiscou os produtos durante a Guerra Fria). A parte complicada é extrair os 0,7% de átomos que são físseis.

No momento em que escrevo, nove nações dispõem da tecnologia para fazer isso, com os Estados Unidos e a Rússia possuindo os maiores estoques. O número preciso de ogivas é desconhecido, mas estima-se que cada uma tenha bem mais que 5 mil.[20] Com esse arsenal, seria possível eliminar toda a vida na Terra muitas centenas de vezes.

O físico que coordenou a invenção das armas nucleares foi Robert Oppenheimer. Perguntaram-lhe uma vez numa entrevista como foi testemunhar o primeiro teste de bomba nuclear, que recebeu o codinome Trinity. Sua resposta foi de arrepiar:

> Sabíamos que o mundo não seria o mesmo. Algumas pessoas riram, algumas pessoas choraram. A maioria ficou em silêncio.

Lembrei-me da frase da escritura hindu *Bhagavad Gita*. Vishnu está tentando persuadir o príncipe de que ele deveria cumprir seu dever e, para impressioná-lo, assume sua forma multiarmada e diz: "Agora me converti em Morte, a destruidora de mundos." Suponho que todos nós pensamos isso. De uma maneira ou de outra.[21]

Queremos informação... informação... informação

O silício está situado logo abaixo do carbono na tabela periódica e tem uma estrutura eletrônica similar. A única diferença é que é maior, por isso suas ligações não são tão fortes. Ele pode formar cristais semelhantes ao diamante com força comparável, e pode também ser enfileirado em cadeias de polímeros, a mais famosa das quais é o gel de silicone, responsável pelo sucesso da carreira de algumas pessoas em Hollywood. Mas o principal uso do silício é no centro nevrálgico de todos os aparelhos elétricos que você possui.

Se o século XIX é lembrado pela Revolução Industrial e o motor de combustão interna, o século XX deveria ser lembrado pela revolução do silício e pelo transistor, uma invenção da qual muitos nunca ouviram falar.

Inventado em 1947 por Walter Brattain, William Shockley e John Bardeen (a única pessoa a ganhar dois prêmios Nobel de física), os transistores são para os computadores o que tijolos são para casas. Seu smartphone contém cerca de 3 bilhões deles e seu laptop, setenta vezes isso.

A função de um transistor é deixar corrente elétrica passar por ele às vezes e bloqueá-la outras vezes. Por si só isso parece prosaico, mas se um número suficiente de transistores for conectado num padrão intrincado teremos um microchip.

Programando uma série de instruções para esses transistores como 1s e 0s, podemos dizer a transistores para ligar e desligar correntes, permitindo-nos controlar circuitos e armazenar informações.

O problema de fazer transistores com metal é que metal sempre conduz. De maneira similar, não metais são sempre isolantes. Para criar alguma coisa capaz de ligar e desligar em diferentes momentos precisamos de um elemento que esteja a meio caminho entre um metal e um não metal. Entra em cena o silício.

Os átomos de silício são grandes, por isso têm uma natureza vagamente metálica, mas sua forma tem mais em comum com não metais, como carbono e boro. Essas propriedades híbridas tornam o silício um semicondutor e seus cristais formam a espinha dorsal dos transistores.

Não só isso, o silício é também o ingrediente essencial do vidro, dando-nos as fibras ópticas para a internet. E a fabricação de janelas.

A maior parte das fibras ópticas é feita por uma companhia chamada 3M, e seu vidro é tão transparente que, se o oceano fosse feito dele em vez de água salgada, seríamos capazes de enxergar o fundo com perfeita nitidez.

Durante os anos 1950, após inventar o transistor, William Shockley fundou uma empresa na Califórnia fazendo pesquisa com o departamento de ciência da computação da Universidade Stanford.[22]

Antes de sua invenção, todos os computadores tinham uma base mecânica e ocupavam salas inteiras. O silício ofereceu a possibilidade de computadores que podíamos manter sobre a nossa escrivaninha.

Depois que o interesse pelo silício começou a crescer, o mesmo ocorreu com a economia local, e hoje a vizinhança de Shockley é a sede das empresas Apple, eBay, Facebook, Google, Intel, Netflix, Yahoo e Visa. É uma região do sul de San Francisco chamada Vale de Santa Clara, mais conhecida por um nome inspirado pelo elemento que a construiu: Vale do Silício.

O silício nos permite efetuar cálculos que anteriormente demandavam um número de pessoas/dias tão grande quanto uma biblioteca para serem completados e faz funcionar tudo, de nossos relógios digitais a nossos telefones celulares, embora essa tecnologia envolva um dilema moral associado a um elemento diferente — o tântalo.

O tântalo vibra quando eletrificado, o que torna óbvia sua importância em telefones celulares. Setenta por cento dos depósitos de tântalo do mundo estão na República Democrática do Congo, um país cuja economia é baseada na mineração e na exportação. A guerra civil que grassou ali de 1994 a 2002, o conflito mais sangrento desde a Segunda Guerra Mundial, foi financiada através da venda de tântalo.[23] Às vezes nossa relação com os elementos é bastante sombria eticamente.

Salvador de mundos

Nos anos 1930, o hidrogênio estava destinado a ser o elemento do futuro. É fácil obtê-lo, é fácil transportá-lo e quando ele queima, o único subproduto é água. É o combustível mais limpo, mais verde imaginável.

Não só isso, sua baixa densidade o torna perfeito para gerar ascensão. Um avião precisa desenvolver muita velocidade para que suas asas mordam o ar, mas um dirigível de hidrogênio voará sem ajuda nem persuasão. O hélio é menos reativo, o que o torna mais seguro, mas quando os Estados Unidos começaram a estocá-lo, em 1925, na Reserva Nacional de Hélio em Amarillo, agências europeias voltaram-se para o hidrogênio como a alternativa óbvia.

O governo alemão estava particularmente ansioso para aproveitar a tecnologia do hidrogênio e em 1931 começou a construir o maior zepelim do mundo, o LZ-129 *Hindenburg*, uma maravilha de engenharia química e aeronáutica.

Em 6 de maio de 1937, porém, quando estava sendo amarrado ao solo da Estação Aérea Naval de Lakehurst, o *Hindenburg* pegou fogo. Ninguém sabe como ele começou (combustão espontânea de zepelim?), mas em menos de trinta segundos todos os 200 mil metros cúbicos de hidrogênio tinham queimado.[24]

O acidente foi filmado e o áudio simultâneo de Herbert Morrison gritando "Oh, a humanidade!" tornou-se icônico. As pessoas viram como era um incêndio de hidrogênio, e a era do zepelim terminou antes de começar.

O mundo não ouviu falar muito do hidrogênio por algumas décadas, até que a URSS detonou a bomba Czar em 1961 (veja o Capítulo 4). A Czar não era nenhuma velha bomba de urânio: era uma bomba de hidrogênio, e a diferença era óbvia. Com uma nuvem de cogumelo atingindo 64 quilômetros no céu, ela fez as bombas lançadas no fim da Segunda Guerra Mundial parecerem bombinhas.

Os detalhes exatos sobre como uma bomba de hidrogênio funciona ainda são secretos e, tendo em mente o que aconteceu com Linus Pauling, reluto em fazer uma pesquisa extensa sobre ela. Enquanto escrevo este livro, investiguei o preço do plutônio e quanto de tálio é necessário para matar alguém. Eu deveria provavelmente ter cuidado antes de começar a perguntar às pessoas como construir uma bomba-H.

A premissa básica, contudo, é bastante bem compreendida. A equação de Einstein $E = mc^2$ nos diz que podemos obter energia de um átomo quebrando-o. O surpreendente é que inverter o processo e fundir núcleos uns com os outros libera ainda mais energia (por causa da mecânica quântica).

A bomba funciona em dois estágios (penso eu). Primeiro, uma bomba convencional de urânio é acionada e o calor dessa explosão faz com que uma cápsula de átomos de hidrogênio se funda, gerando um sol em miniatura enquanto eles se convertem em hélio. Esse é o impressionante poder que está sendo demonstrado em imagens da explosão da bomba Czar.

Combinado com a visão aterrorizante do *Hindenburg*, o hidrogênio tem sido um elemento de terror aos olhos do público. Mas não deveríamos desistir dele. De fato, à medida que o futuro se aproxima de nós, podemos descobrir que estamos nos tornando inteiramente dependentes dele.

A energia liberada pela fusão de hidrogênio não precisa necessariamente ser produzida de uma só vez. Da mesma maneira que bastões de urânio podem ser aproximados uns dos outros para gerar calor em vez de explosões, deveria ser possível aproximar núcleos de hidrogênio em condições controladas.

Usinas nucleares baseadas em fusão produziriam produtos não tóxicos, encerrariam nossa dependência de combustíveis fósseis e poriam fim a todos os conflitos disputados por causa de combustíveis fósseis, ao mesmo tempo que forneceriam energia ilimitada para o planeta, assim como poriam fim à mudança climática produzida pelo homem. Fundir hidrogênio poderia realmente ser aquilo de que a humanidade precisa para resolver todos os seus problemas. Há somente uma pequena dificuldade — não fomos capazes de fazê-lo.

Para fundir átomos de hidrogênio, temos de aquecê-los com rapidez suficiente para que entrem em colisão. Isso requer energia, e todos os nossos atuais reatores de fusão requerem mais energia para entrar em funcionamento do que podemos extrair utilmente deles.

Até agora só realizamos uma reação de fusão positiva, na Instalação Nacional de Ignição na Califórnia em 2013. Ali, um grupo de pesquisadores liderados por um homem cujo nome é genuinamente Omar Hurricane, bombardeou amostras de hidrogênio com feixes de laser e as excitou até que se fundissem. O sr. Hurricane e sua equipe foram as primeiras, e até agora as únicas, pessoas a ter conseguido obter mais de uma reação de fusão do que puseram nela.[25] Não é perfeito e não é suficiente para prover o mundo de energia, mas é um passo promissor.

E há algo que pode ser ainda mais importante. Como o hidrogênio queima muito bem com o oxigênio, é um perfeito combustível para foguetes. Aqueles enormes tanques que vemos nos lados das naves que estão sendo lançadas no espaço não estão cheios de petróleo: estão cheios de substâncias químicas que geram hidrogênio e oxigênio.

O hidrogênio não é apenas o elemento que pode salvar o mundo, é o elemento que pode nos ajudar a deixar o mundo completamente. E, mais cedo ou mais tarde, teremos de fazê-lo.

No momento estamos vivendo a idade áurea da extração sôfrega de elementos do solo, mas ela não pode durar muito. Supondo que nosso planeta não seja obliterado por um asteroide (estamos atrasados), acabaremos consumindo todos os recursos que a Terra gentilmente nos deu.

Se nossa espécie quer sobreviver, teremos de fazê-lo em algum outro lugar, o que significa ir lá para fora e começar a explorar. Para isso, vamos precisar de hidrogênio, nosso bilhete de embarque no expresso universal.

Um último pensamento

Cada elemento na tabela periódica tem uma história para contar, mas o que é essa história depende de nós. É nosso dever não abusar de tal poder. E não creio que o faremos.

Quando olho para a tabela periódica, vejo um monumento a quão longe chegamos e a quanto aprendemos num tempo tão curto. Por meio da ciência somos capazes de compreender o Universo e usar seus recursos para fazer coisas maravilhosas. Acredito verdadeiramente que a ciência salvará nossa espécie.

Apêndice 1: *Sulfur* com f

Nomear um elemento é em geral uma honra concedida à pessoa que o isolou. Lamentavelmente, isso pode causar desavenças quando cientistas escolhem nomes impopulares. Em 1875 o químico francês Paul-Émile Lecoq chamou um novo elemento de *gallium*, gálio, do latim *gallia*, que significa França. Entretanto, logo se suspeitou que ele tinha sido um pouquinho sorrateiro. A palavra latina para galo é *gallus*, em francês *coq*, seu próprio sobrenome. Talvez ele tivesse imortalizado o nome Lecoq nomeando sutilmente o elemento em homenagem a si próprio.

Para tentar resolver esses problemas, a União Internacional de Química Pura e Aplicada (Iupac, da sigla em inglês) tem regras estritas para a denominação de um novo elemento. Elementos podem ser nomeados segundo:

1. um personagem da mitologia (como o tório, por causa do Deus nórdico Thor);
2. um lugar (como o rênio, de *Rhenus*, o nome latino para o rio Reno);
3. uma propriedade do elemento (como o bromo, do grego *brômos*, significando mau cheiro);
4. o mineral do qual ele foi extraído (como o samário, por causa do mineral samarskita);

5. um cientista (como o roentgênio, por causa de William Röntgen, o descobridor dos raios X).

A Iupac delibera a respeito de um nome proposto por até cinco meses antes de dar sua aprovação e então, uma vez que ela tenha se pronunciado, o nome é internacionalmente reconhecido e as tabelas periódicas são ajustadas para incorporá-lo.

Muitos químicos britânicos ficaram horrorizados em 1990 quando a Iupac endossou a grafia americana de *sulfur*, enxofre, com "f", em oposição à grafia britânica de *sulphur*, com "ph". Para ser claro, a Iupac tem todo direito de preferir *sulfur* a *sulphur*. A etimologia da palavra é desconhecida, e quem quer que afirme o contrário está mal informado. O primeiro uso registrado pode ser encontrado na escrita do poeta do século II a.C. Ênio, que o chamou de *sulpureus*. Contudo esta palavra, cuja etimologia foi perdida, talvez venha da palavra *swefel*, cuja etimologia também foi perdida. Como não sabemos de onde a palavra provém, não há razão para preferir uma grafia à outra. Grafá-la com "ph" não é apenas uma questão de orgulho britânico: é recusar-se a aceitar uma norma internacional acordada.

Pessoalmente, acho irritante ter de escrever o nome de um elemento com uma inicial minúscula e o meu próprio nome com uma maiúscula, mas é a regra do jogo (neste livro, pelo menos; em meu site escrevo com maiúscula o que bem entendo).

Soube que algumas pessoas sugerem que a Iupac aceite um acordo pelo qual *sulfur* seja escrito com "f" em troca de *aluminium*, alumínio, ser grafado com dois "i"s, à maneira britânica. Talvez valha a pena ressaltar que Humphry Davy, o cientista inglês que o nomeou, escolheu originalmente *aluminum*, com apenas um "i", por isso no fim das contas a grafia americana é a mais autêntica.

Apêndice II: Meio próton?

QUANTO MAIS DE PERTO examinamos as partículas, mais su-bestrutura encontramos. Átomos são feitos de elétrons e um núcleo. O núcleo se divide em prótons e nêutrons. Como saber quando realmente chegamos ao fundo da questão? Durante os anos 1960, físicos teóricos decidiram que era hora de adotar uma abordagem de baixo para cima em vez de uma de cima para baixo. Começando com as leis básicas da natureza, que partículas fundamentais deveríamos ver surgindo? A estrutura resultante, chamada teoria quântica de campo, prevê um bufê de partículas, as quais foram to-das encontradas, portanto a abordagem está sem dúvida no caminho certo.

Os elétrons revelam-se fundamentais, assim como os fó-tons, as partículas que compõem a luz. Há muitos outros com nomes como neutrinos, glúons e bósons de Higgs, mas prótons e nêutrons não estão na lista.

Acontece que os próprios prótons e nêutrons não são fun-damentais, mas podem ser pensados como três partículas. Um próton não pode ser dividido ao meio, mas pode ser des-crito como sendo composto por terços. Murray Gell-Mann chamou essas partículas de quarks.

Ainda não seria correto, contudo, dizer que podemos cortar um próton em terços, porque eles não nos permitem realmente fazer isso. Os quarks não existem como coisas individuais, mas em pequenos pares e trios.

Caso pegássemos um próton, feito de três quarks, e o quebrássemos, não acabaríamos com três quarks individuais, acabaríamos com seis... Isso é a teoria quântica de campo, pessoal.

Assim, embora em certo sentido você possa descrever um terço de um próton, nunca poderia realmente tê-lo. Os quarks nunca deixam seu próton, por isso é adequado falar sobre prótons como se eles fossem partículas fundamentais. Eles poderiam muito bem ser!

Apêndice III: A equação de Schrödinger

A EQUAÇÃO DE SCHRÖDINGER é uma descrição completa de tudo o que podemos saber sobre o que uma partícula está fazendo. Poderíamos estar interessados em ver como uma partícula vai se comportar num ponto específico do tempo ou num ponto específico do espaço. Poderíamos não estar interessados em nenhum dos dois e querer saber apenas que energias estão envolvidas ou que rotações uma partícula pode ter.

Isso significa que há muitas formas diferentes da equação de Schrödinger, e diferentes maneiras de escrevê-la. A mais simples é conhecida como equação de Schrödinger dependente do tempo e tem a seguinte aparência

$$H|\Psi\rangle = i\hbar \frac{\partial|\Psi\rangle}{\partial t}$$

i representa a raiz quadrada de -1. Qualquer número normal, seja positivo ou negativo, quando multiplicado por si mesmo sempre gera uma resposta que é positiva. Por exemplo, -2×-2 não é -4, é $+4$. Mas isso significa que -1 não teria raiz quadrada, portanto deve haver outro tipo de número que se multiplica por si mesmo para gerar negativos. Esses números são chamados de números i. A razão pela qual a letra i é escolhida confundiria as coisas neste ponto, por isso não se preocupe com ela: é uma convenção histórica e sem significado. Pode parecer estranho que tenhamos de usar números raros em nossa equação, porque parece uma trapaça, mas não é isso que está acontecendo. A natureza faz coisas fora de nossa experiência normal, por isso temos de usar números fora de nossa experiência normal para dar sentido a isso. Quando tentamos usar números regulares, a equação dá respostas que não correspondem à realidade. Parece que a natureza usa números i, por isso temos de usá-los também.

H é chamado o hamiltoniano e se refere à energia total da coisa que estamos examinando. Nós o escrevemos aqui com uma letra, mas isso é uma taquigrafia. Escrito por extenso, o hamiltoniano é um termo prolixo que leva em conta a massa da partícula, sua energia cinética, a distância a que está do núcleo (chamada de seu potencial) e assim por diante, mas ainda significa apenas quanta energia a partícula tem.

Ψ (lê-se psi) representa algo chamado de função de onda. Pode significar muitas coisas, mas no contexto da química refere-se ao fato de que a provável localização de uma partícula ondula. Em vez de ter uma coordenada específica no espaço, a localização de um elétron tem um caráter ondulatório quando não está sofrendo interferência. A função de onda leva isso em conta.

$|\rangle$ é chamado de um vetor ket. Aquilo a que se refere, falando de modo geral, é o estado em que alguma coisa está. Nesse caso o estado da função de onda da partícula. O lado esquerdo da equação, lido na íntegra, está agora nos dizendo que, se calcularmos a energia total do estado da função de onda e multiplicarmos a resposta pelo i negativo, obteremos algo útil.

ħ é chamado de constante de Planck e representa 1,055 × 10^{-34} Js (joules por segundo). Esse número é uma propriedade do Universo que relaciona a energia de uma partícula à sua frequência. Frequência é quantas vezes algo ondulará por segundo e, como todas as partículas têm movimento ondulatório, precisamos de um termo que relacione os dois. Especificamente, se dividimos a energia de uma partícula por sua frequência, obtemos um número chamado h, que é 6,626 × 10^{-34} Js em unidades do sistema internacional (si). Chega-se à constante de Planck dividindo h por 2π. Fazemos isso porque 2π é frequentemente usado quando se medem frequências, por isso o incluímos como parte de nossa constante para tornar as equações mais claras.

∂ é chamado de diferencial parcial. É um símbolo que nos diz para medir como uma propriedade muda quando temos muitas outras coisas em curso e só queremos nos concentrar em uma delas. Nesse caso $\partial/\partial t$ está nos dizendo para comparar a mudança de alguma coisa com t (tempo).

Assim, toda a equação está nos dizendo que, se pudermos calcular a energia total que uma partícula tem num estado específico (lado esquerdo), podemos calcular como seu comportamento mudará com o tempo (lado direito).

Se você sabe a energia de um elétron, pode prever onde é provável que ele esteja em qualquer momento. Faça isso para todas as três dimensões espaciais e acabará com uma descrição de onde é provável que um elétron esteja ao redor de seu núcleo — o orbital.

Apêndice IV: Nêutrons em prótons

JÁ ENCONTRAMOS OS QUARKS no Apêndice II, e eles podem ser coisas complicadas. Apresentam-se em muitas variedades, mas todos têm uma carga elétrica que adiciona up à carga de um próton ou de um nêutron.

Um quark up tem uma carga de $+2/3$, ao passo que um quark "down" tem uma carga de $-1/3$. Quando dois quarks up e um quark down ocorrem num trio, as cargas se combinam para criar um $+1$ total, um próton. Se um quark up ocorre com dois quarks down, contudo, as cargas se cancelam e o resultado é um nêutron.

Mas quarks não permanecem como um tipo. Um quark up pode se transformar num quark down e vice-versa. Um nêutron é uma combinação udd (up down down), mas se um dos downs se tornar um up temos um uud (up up down) — um próton. É o quark no interior que transforma um nêutron num próton.

Quando isso acontece, o valor da carga total mudou e por alguma razão essa é uma grande impossibilidade para o Universo. A criar um desequilíbrio de carga, o Universo prefere manter as coisas neutras, por isso ele faz um baralhamento de partículas.

Quando o quark down $-1/3$ muda de caráter, ele emite uma partícula chamada W^-, que leva uma carga -1, deixando uma carga $+2/3$ para trás.

O W⁻ se divide rapidamente num elétron, que retém a carga, e noutra partícula chamada antineutrino, que não tem nenhuma. E essa é a maneira mais simples possível de descrever todo o processo.

Apêndice v: As escalas de pH e pK$_a$

TALVEZ VOCÊ TENHA CONHECIDO a escala de pH na escola. Quanto mais ácida alguma coisa é, mais baixo o seu valor. Ácidos tendem a ter valores abaixo de 7, ao passo que coisas não ácidas tendem a ser 8 e mais. A razão pela qual a escala foi introduzida foi que os números envolvidos na química ácida são com frequência extremamente pequenos.

Suponha que tivéssemos 1×10^5 hidrogênios numa garrafa de um litro e 1×10^4 hidrogênios em outra. A primeira contém 100 mil e a segunda, 10 mil. Claramente, a primeira é dez vezes mais concentrada que a segunda, mas elas são ambas números extremos. Por isso invocamos a lei dos logaritmos.

Um logaritmo é o número de vezes que você tem de multiplicar alguma coisa por ela mesma para obter determinado resultado. Digamos que você tivesse o número três e o multiplicasse por ele mesmo quatro vezes. Isso seria escrito como $3 \times 3 \times 3 \times 3$ ou, mais simplesmente, 3^4. Dá 81.

Mas suponha que você queira fazer seu cálculo ao contrário. Você quer saber quantas vezes tem de multiplicar três por ele mesmo para chegar a 81. Você escreveria isto assim:

$$\text{Log}_3 81 = 4$$

Em outras palavras, a que número tenho de elevar três para chegar a 81. A resposta seria 4.

Em nosso exemplo anterior, tínhamos uma solução contendo 100 mil hidrogênios. Se expressássemos isto logaritmicamente, escreveríamos:

$$\text{Log}_{10}\ 100.000 = 5$$

Cinco é um número muito mais fácil com que trabalhar, assim podemos descrever esse ácido como uma "solução 5". O número não está nos dizendo a concentração diretamente, mas está nos dizendo a ordem de magnitude com que estamos lidando.

De maneira semelhante, uma solução dez vezes mais diluída seria chamada de "solução 4". Isto é útil porque quando lidamos com algo enorme, por exemplo uma concentração de 1 000 000 000 000 000 000, é mais fácil chamá-la de "solução 18" do que escrever a coisa toda.

Então por que a escala funciona ao inverso? A resposta é que a maioria dos ácidos, mesmo os muito concentrados, só contém um pequeno número de hidrogênios por litro.

A maioria dos ácidos que você provavelmente encontrará cai na região de 0,00001 a 0,1. Escrevendo isto da forma usual, usamos potências negativas, isto é, 10^{-6} a 10^{-1}. Nesse caso, o 10^{-1} é a solução mais concentrada.

Foi um químico dinamarquês chamado Søren Sørensen que sugeriu que usássemos logaritmos negativos ao escrever nossas concentrações de ácido, simplesmente porque parece mais claro. O ácido menos concentrado obtém um valor de:

$$-\text{Log}_{10}\ 0,00001 = 6$$

Ao passo que o ácido mais concentrado acaba como:

$$- \text{Log}_{10} \, 0{,}1 = 1$$

Ele se referia a esse logaritmo negativo de um número como sua *potenz*, o que significa "a potência à qual você tem de elevar o número dez". E assim definimos a escala de pH como:

$$\text{pH} = -\text{Log}_{10} \, (\text{concentração de íons de hidrogênio em um litro})$$

Nessa escala, a maior parte dos ácidos cai entre 1 e 6, mas a escala pode avançar nas duas direções. Um ácido com uma concentração de 1 teria um pH de 0, ao passo que um ácido com uma concentração de 100 seria pH −2.

A escala pK_a funciona exatamente da mesma maneira e usa o mesmo sistema. Só que em vez de medir a concentração de hidrogênios estamos medindo a força de um ácido, isto é, quão disposto ele está a liberar um próton em solução. A melhor maneira de expressar isso é dizer qual fração do ácido original acaba se dissociando.

Suponha que você tem cem moléculas ácidas e somente uma delas se divide. Diríamos que a força para esse ácido é 1%. Por razões que não abordaremos (um apêndice de um apêndice é um pouco tolo), exprimimos a força de um ácido como uma fração chamada de Ka. E, mais uma vez, esses números são em geral extremamente pequenos.

Somente uma pequena quantidade de hidrogênios tem a coragem de se dissociar, por isso obtemos valores de Ka com elevados números negativos. Usando o método p, tomamos o logaritmo negativo do Ka (quão forte ele é) e *voilà*, o resultado é nossa escala de pK_a.

Apêndice VI: Grupos da tabela periódica

INDO DA ESQUERDA PARA A DIREITA na tabela periódica, várias das colunas (grupos) têm nomes que são em grande parte históricos. Os grupos 3 a 15 são nomeados segundo o elemento superior do grupo, por exemplo, o grupo 10 é chamado "grupo do níquel", mas todas as outras colunas têm nomes informais.

Grupo 1 Metais alcalinos
Grupo 2 Metais alcalinos terrosos
Grupo 3 Grupo do escândio
Grupo 4 Grupo do titânio
Grupo 5 Grupo do vanádio
Grupo 6 Grupo do crômio
Grupo 7 Grupo do manganês
Grupo 8 Grupo do ferro
Grupo 9 Grupo do cobalto
Grupo 10 Grupo do níquel
Grupo 11 Grupo do cobre
Grupo 12 Grupo do zinco
Grupo 13 Grupo do boro
Grupo 14 Grupo do carbono
Grupo 15 Grupo do nitrogênio
Grupo 16 Calcogênios
Grupo 17 Halogênios
Grupo 18 Gases nobres

Tabela periódica

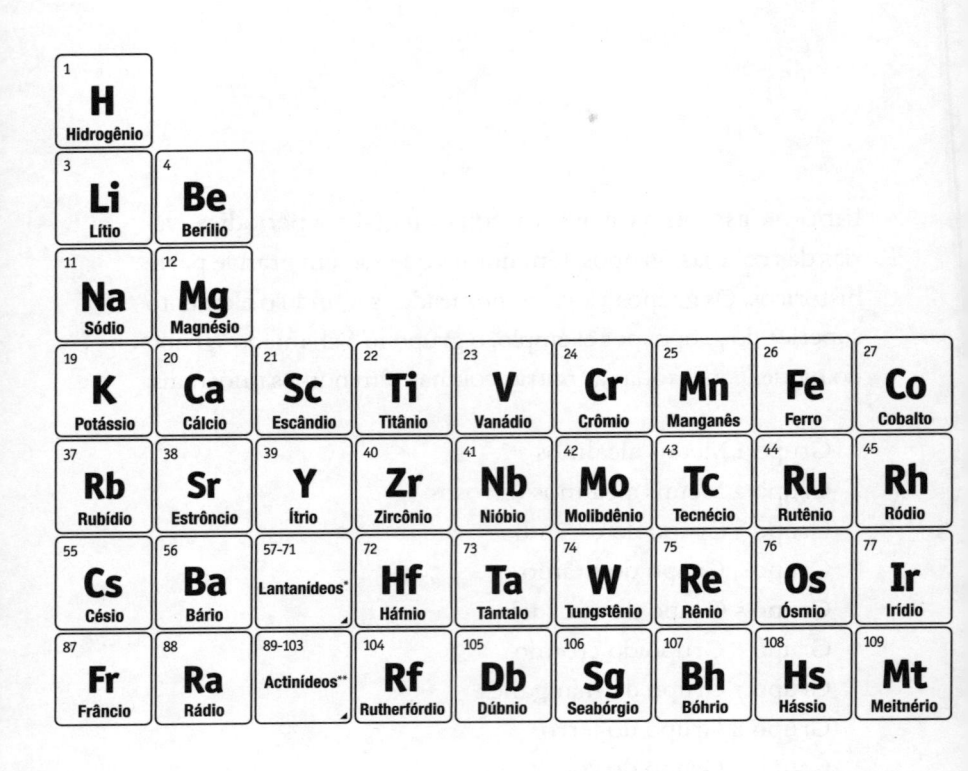

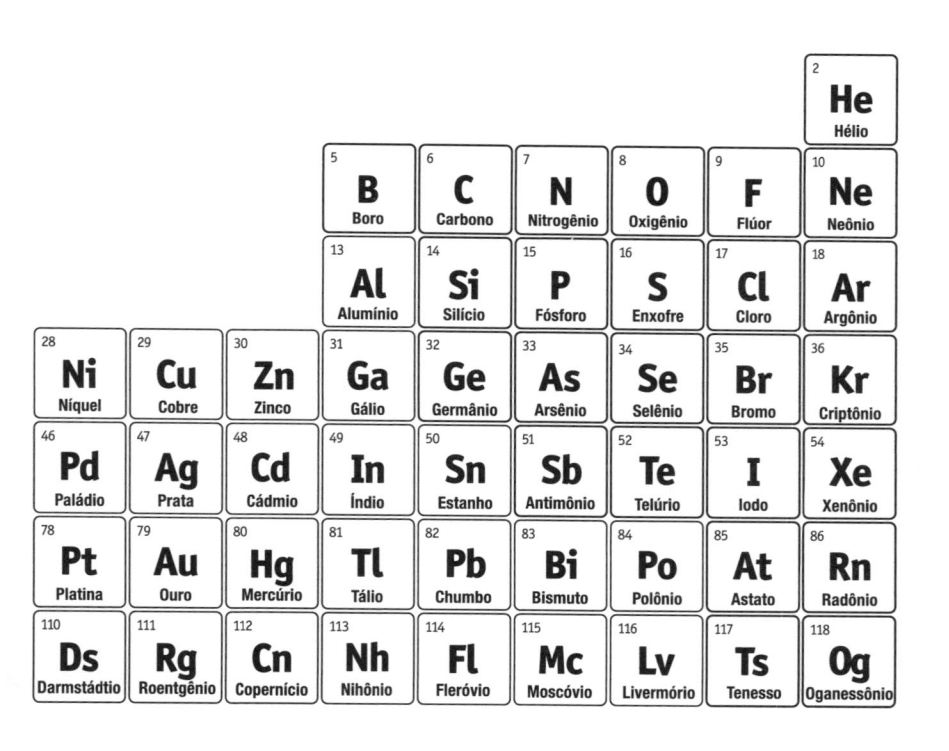

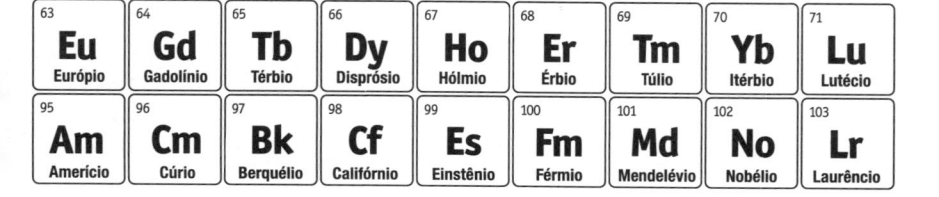

Agradecimentos

Uma coisa que aprendi enquanto escrevia meu primeiro livro é que, embora meu nome apareça na capa, o que você lê é uma combinação de muitas mentes. Gostaria de agradecer a várias delas.

Em primeiro lugar, aos alunos da Northgate High School, por me darem uma razão para me levantar de manhã e me ajudarem a fazer a coisa toda decolar. Este livro não existiria sem eles. Rock and roll, pessoal. Rock and roll.

Enormes e sinceros agradecimentos à minha agente Jen Christie por se arriscar com um escritor incômodo, sendo paciente quando eu era difícil, e por guiar-me através do mundo louco da indústria editorial e do marketing — algo muito mais complexo que ciência.

Duncan Proudfoot do Little, Brown Book Group é maravilhoso e quero lhe agradecer por "compreender" imediatamente o que eu estava tentando fazer. Espero realmente que o livro não o decepcione.

Em termos do conteúdo do livro, a pessoa a quem mais quero agradecer é Ella Catherall, que revisou cada página, verificou a correção da ciência e corrigiu todos os 385 erros. Se o livro tem qualquer mérito, é graças a ela.

Muito obrigado ao Departamento de Ciências da Northgate (há cerca de vinte funcionários, por isso não posso citar todo mundo) por toda a tolerância que demonstraram comigo enquanto eu aprendia a ser professor. É um privilégio trabalhar com eles. E em particular um agradecimento muito especial a Hazel e David — não apenas por seus conselhos, mas por sua inspiração e amizade.

Preciso agradecer ao grande Seishi Shimizu por me ensinar a pensar e escrever como um cientista. Ele foi um excelente mentor e foi uma honra ser seu aluno.

Obrigado a Karl Dixon por ler e criticar o manuscrito, fazendo-me rir quando parei de acreditar que ele tinha qualquer qualidade, e por ser o Sherlock Holmes de meu Watson durante esses muitos, muitos anos.

Um muito obrigado lunar a Mandalyn King por sempre ter sido franca comigo e por ser tão incrível. Respeito sua opinião mais do que ela pensa.

Em relação a uma fase anterior em minha vida, quero agradecer ao sr. Evans por ser *aquele* professor, e a John Miller por me persuadir a me tornar eu mesmo um professor.

Obviamente preciso agradecer à minha mulher, que é provavelmente a pessoa mais paciente do mundo. Obrigado por me deixar passar tanto tempo fazendo isso.

E finalmente quero agradecer ao meu pai, que me ensinou a importância de fazer perguntas e fez de mim um cientista.

Notas

Introdução: Uma receita de realidade [pp. 9-11]

1. R. W. Sterner, J. J. Elser, *Ecological Stoichiometry: The Biology of Elements from Molecules to the Biosphere*. Princeton, NJ: Princeton University Press, 2002.

1. Caçadores de chamas [pp. 13-24]

1. H. Krug, O. Ruff, "Über ein neues chlorfuorid ClF", *Zeitschrift für anorganische und allgemeine Chemie*, v. 190, n. 1, pp. 270-6, 1930.
2. "Compound summary for CID 24627", *Open Chemistry Database*. Disponível em: <pubchem.ncbi.nlm.nih.gov/compound/chlorine_trifluoride#section=Top>. Acesso em: 18 ago. 2017.
3. J. D. Clark, *Ignition! An Informal History of Rocket Propellants*. New Brunswick, NJ: Rutgers University Press, 1972.
4. "Eastern Germany 2004", *Bunker Tours*. Disponível em: <www.bunkertours.co.uk/germany_2004.htm>. Acesso em: 18 ago. 2017.
5. Diógenes Laércio, *The Lives and Opinions of Eminent Philosophers*. Trad. de R. D. Hicks. Cambridge, MA: Harvard University Press, 1925. v. II, livros 6-10.
6. "Protactinium", *Encyclopedia*. Disponível em: <www.encyclopedia.com/science-and-technology/chemistry/compounds-andelements/protactinium>. Acesso em: 18 ago. 2017.
7. J. Emsley, *The Shocking History of Phosphorus: A Biography of the Devil's Element*. Londres: Macmillan, 2000.
8. H. M. Leicester, H. S. Klickstein, *A Source Book in Chemistry 1400--1900*. Cambridge, MA: Harvard University Press, 1952.
9. H. Muir, *Eureka: Science's Greatest Thinkers and Their Key Breakthroughs*. Londres: Quercus, 2012.
10. Ibid.

11. M. Sędziwoj, "Letters of Michael Sendivogius to the Rosicrusian Society", Epístola 54 (12 jan. 1647), *The Masonic High Council the Mother High Council*. Disponível em: <rgle.org.uk/Letters_Sendivogius. htm>. Acesso em: 8 out. 2017.

12. I. Asimov, *Breakthroughs in Science*. Boston, MA: Houghton Mifflin, 1960.

13. R. Harre, *Great Scientific Experiments: Twenty Experiments that Changed Our View of the World*. Oxford: Phaidon, 1981.

14. I. Asimov, *Words of Science*. Londres: Harrap, 1974.

15. Isaías 54,11.

16. "Periodic table — lithium", *Royal Society of Chemistry*. Disponível em: <www.rsc.org/periodic-table/element/3/lithium>. Acesso em: 18 ago. 2017.

17. B. C. Gibb, "Hard-luck Scheele", *Nature Chemistry*, v. 7, pp. 855-6, 2015.

18. H. M. Leicester, H. S. Klickstein, op. cit.

2. Indivisível [pp. 25-34]

1. *O núcleo: Missão ao centro da Terra*. Direção: Jon Amiel. Produção: Cooper Layne. Roteiro: John Rogers II. Intérpretes: Aaron Eckhart, Hilary Swank, Stanley Tucci e outros. Duração: 135 min. Paramount Pictures, 2003.

2. T. Irifune et al., "Ultrahard polycrystalline diamond from graphite", *Nature*, v. 421, pp. 599-600, 2003.

3. D. Robson, "How to make a diamond from scratch with peanut butter", *BBC*, 7 nov. 2014. Disponível em: <www.bbc.com/future/story/20141106-the-man-who-makes-diamonds>. Acesso em: 18 ago. 2017.

4. B. Russell, *History of Western Philosophy*. Oxford: Routledge Classics, 2004.

5. D. Hurd, J. Kipling, *The Origins and Growth of Physical Science*. Londres: Penguin, 1958.

6. J. Dalton, *A New System of Chemical Philosophy*. Londres: R. Bickerstaff, 1808.

7. W. L. Masterson, C. N. Hurley, *Chemistry: Principles and Reactions*. Boston, MA: Cengage Learning, 2012.

8. R. Harré, *Great Scientific Experiments: Twenty Experiments that Changed Our View of the World*. Oxford: Phaidon, 1981.

9. A. Einstein, "Über die von der molekularkinetischen Theorie der wärme geforderte Bewegung von in ruhenden flüssigkeiten suspendierten Teilchen", *Annalen der Physik*, v. 322, pp. 549-60, 1905.

3. A metralhadora e o pudim [pp. 35-48]

1. "A Boy and His Atom: The World's Smallest Movie", *IBM Research*. Disponível em: <www.research.ibm.com/articles/madewithatoms. shtml>. Acesso em: 18 ago. 2017.

2. E. T. Whittaker, *A History of Theories of the Aether and Electricity*. Harlow: Longman, Green & Co, 1951.

3. E. Rutherford, *Nobel Lectures: Chemistry 1901-1921*. Amsterdam: Elsevier Publishing, 1966.

4. H. C. von Bayer, *Taming the Atom: The Emergence of the Visible Microworld*. Nova York: Random House, 1992.

5. R. W. Chabay, B. A. Sherwood, *Matter & Interactions*, 3. ed. Hoboken, NJ: Wiley, 2002.

6. *O Homem de Aço*. Direção: Zack Snyder. Produção: Christopher Nolan. Roteiro: David S. Goyer. Intérpretes: Henry Cavill, Amy Adams, Michael Shannon e outros. Duração: 143 min. Warner Bros, 2003.

7. H. P. Lovecraft, *The Dunwich Horror and Other Stories*. Londres: Pocket Penguin Classics, 2010.

8. *Superman — O Retorno*. Direção: Bryan Singer. Produção: Gilbert Adler. Roteiro: Michael Dougherty. Intérpretes: Brandon Routh, Kate Bosworth, Kevin Spacey e outros. Duração: 154 min. Warner Bros, 2006; P. S. Whitfield et al., "LiNaSiB$_3$O$_7$(OH) — novel structure of the new borosilicate mineral jadarite determined from laboratory powder diffraction data", *Acta Crystallographica Section B*, v. 63, n. 3, pp. 396-401, 2007.

4. De onde vêm os átomos? [pp. 49-62]

1. "The coldest place in the world", *Nasa*, 10 dez. 2013. Disponível em: <science.nasa.gov/science-news/science-at-nasa/2013/09dec_coldspot>. Acesso em: 18 ago. 2017.

2. R. Sahai et al., "The coldest place in the Universe: Probing the ultra--cold outflow and dusty disk in the Boomerang Nebula", *The Astrophysical Journal*, v. 841, n. 2, 2017.

3. J. W. Park et al., "Ultracold dipolar gas of fermionic Na23K40 molecules in their absolute ground state", *Physical Review Letters*, v. 114, 2015.

4. Platão, *Theaetetus*. Trad. de J. McDowell. Oxford: Oxford University Press, 1999.

5. B. Russell, *History of Western Philosophy*. Oxford: Routledge Classics, 2004.

6. G. Dixon, P. Parsons, *The Periodic Table: A Field Guide to the Elements*. Londres: Quercus, 2013.

7. H. Aldersey-Williams, *Periodic Tales: The Curious Lives of the Elements*. Londres: Viking, 2011.

8. C. Payne-Gaposchkin, *Cecilia Payne-Gaposchkin: An Autobiography and Other Recollections*. Cambridge: Cambridge University Press, 1996.

9. "Cecilia Payne-Gaposchkin", *Encylopædia Britannica*. Disponível em: <www.britannica.com/biography/Cecilia-Payne-Gaposchkin>. Acesso em: 18 ago. 2017.

10. "The early universe", Cern. Disponível em: <home.cern/about/physics/early-universe>. Acesso em: 18 ago. 2017.

5. Bloco por bloco [pp. 63-75]

1. "The Scoville Unit", *Jalapeño Madness*. Disponível em: <www.jalapenomadness.com/jalapeno_scoville_units.html>. Acesso em: 18 ago. 2017.

2. "World's hottest chilli pepper grown in St Asaph", *BBC News* (17 maio 2017). Disponível em: < https://www.bbc.com/news/uk-wales-north-east-wales-39946962>. Acesso em: 18 ago. 2017.

3. A. Szallasi, P. M. Blumberg, "Resiniferatoxin, a phorbol-related diterpene, acts as an ultrapotent analog of capsaicin, the irritant constituent in red pepper", *Neuroscience*, v. 30, n. 2, pp. 515-20, 1989.

4. "How we taste", *Technology Review* (abr. 2004). Disponível em: <www.heise.de/tr/artikel/Wie-wir-schmecken-404206.html>. Acesso em: 18 ago. 2017.

5. "Vantablack", *Surrey Nanosystems*. Disponível em: <www.surreyna-nosystems.com/vantablack>. Acesso em: 18 ago. 2017.
6. J. Clayden, N. Greeves, S. Warren, *Organic Chemistry*, 2. ed. Oxford: Oxford University Press, 2012; "4 workers killed at DuPont Chemical plant", *Scientific American* (18 nov. 2014). Disponível em: <www.scientificamerican.com/article/4-workers-killed-at-dupont-chemical-plant>. Acesso em: 18 ago. 2017.
7. B. Russell, *History of Western Philosophy*. Oxford: Routledge Classics, 2004.
8. B. Pennington, "The death of Pythagoras", *Philosophy Now*, n. 121, 2017.
9. B. Russell, op. cit.
10. A. Lavoisier, *Traité Élémentaire de Chemie*. Paris: Cuchet, 1789.
11. E. Scerri, *The Periodic Table: Its Story and Its Significance*. Oxford: Oxford University Press, 2006.
12. E. Scerri, *The Periodic Table: A Very Short Introduction*. Oxford: Oxford University Press, 2011.
13. J. E. Jorpes, *Jac. Berzelius: His Life and Work*. Estocolmo: Royal Swedish Academy of Science, 1966.
14. J. A. R. Newlands, *On the Discovery of the Periodic Law and On Relations of the Atomic Weights*. Londres: E. & F. N. Spon, 1884.
15. M. D. Gordin, *A Well-Ordered Thing: Dmitrii Mendeleev and the Shadow of the Periodic Table*. Nova York: Basic Books, 2004.
16. "Periodic Law", *Mendeleev*. Disponível em: <www.mendeleev.nw.ru/period_law/ver_trif.html>. Acesso em: 18 ago. 2017.

6. A mecânica quântica salva a pátria [pp. 76-85]

1. A. Werner, "Beitrag zum Ausbau des periodischen Systems", *Berichte der deutschen chemischen Geselkchaft*, v. 38, pp. 914-21, 1905.
2. G. Seaborg, "Priestley Medal Address — The Periodic Table: Tortuous Path to Man-Made Elements", 16 abr. 1979, reproduzido em G. Seaborg, *Modern Alchemy: Selected Papers of Glenn Seaborg*, v. 2. Singapura: World Scientific Publishing Co., 1994.
3. H. E. White, *Introduction to Atomic Spectra*. Nova York: McGraw-Hill, 1934.
4. E. H. Riesenfeld, *Practical Inorganic Chemistry*, reimpressão da edição de 1943. Barcelona: Labour, 1950.
5. G. Seaborg, "Priestley Medal Address", op. cit.

7. Coisas que explodem [pp. 86-98]

1. T. M. Klapötke et al., "New azidotetrazoles: Structurally interesting and extremely sensitive", *Chemistry — An Asian Journal*, v. 7, n. 1, pp. 214-24, 2012.
2. "Alfred Nobel", *Encylopœdia Britannica*. Disponível em: <www.britannica.com/biography/Alfred-Nobel>. Acesso em: 18 ago. 2017; E. J. Sirleaf, "Alfred Nobel's legacy to women", *The New York Times*, 12 dez. 2011.
3. "Alfred Nobel's fortune", *Nobel Peace Prize*. Disponível em: <www.nobelpeaceprize.org/History/Alfred-Nobel-s-fortune>. Acesso em: 18 ago. 2017.
4. J. Janes, *Documents which Changed the Way We Live*. Lanham, MD: Rowman & Littlefield, 2017.
5. K. Fant, *Alfred Nobel: A Biography*. Nova York: Arcade Publishing, 2014.

8. O sonho do alquimista [pp. 99-115]

1. "Sotheby's sells record $71 million diamond to Chow Tai Fook", *Bloomberg*, 4 abr. 2017. Disponível em: <www.bloomberg.com/news/articles/2017-04-04/sotheby-s-sets-world-record-selling-71-million-pink-diamond>. Acesso em: 18 ago. 2017.
2. R. Kurin, *Hope Diamond: The Legendary History of a Cursed Gem*. Nova York: HarperCollins, 2007.
3. "Plutonium certified reference materials price list", *US Department of Energy, Office of Science*. Disponível em: <https://www.energy.gov/nnsa/nbl-program-office>. Acesso em: 18 ago. 2017.
4. "Californium price", *Metalary*. Disponível em: <www.metalary.com/californium-price>. Acesso em: 18 ago. 2017.
5. G. D. Hedesan, *An Alchemical Quest for Universal Knowledge: The "Christian Philosophy" of Jan Baptist Van Helmont 1579-1644*. Oxford: Routledge, 2016.
6. R. Patai, *The Jewish Alchemists: A History and Source Book*. Princeton, NJ: Princeton University Press, 1994.
7. B. Jonson, *The Alchemist* (1610). Disponível em: <www.public-library.uk/ebooks/14/35.pdf>. Acesso em: 18 ago. 2017.

8. S. Lee, S. Ditko, *Amazing Fantasy*, n. 15, 15 ago. 1962; S. Lee, J. Kirby, *The Incredible Hulk*, n. 1, 10 maio 1962; S. Lee, J. Kirby, *The Fantastic Four*, n. 1, 10 nov. 1961; S. Lee, B. Everett, *Daredevil*, n. 1, 10 abr. 1964; C. Claremont, J. Byrne, *X-Men*, n. 137, 10 set. 1980, e *Phoenix: The Untold Story*, 10 abr. 1984.

9. *Godzilla*. Direção: Ishiro Honda. Produção: Tomoyuki Tanaka. Roteiro: Takeo Murata. Intérpretes: Akira Takarada, Akihiko Hirata, Takashi Shimura e outros. Duração: 98 min. Toho Co. Ltd., 1954.

10. C. Patterson, "Age of meteorites and the earth", *Geochimica et Cosmochimica Acta*, v. 10, n. 4, pp. 230-7, 1956.

11. E. Rutherford, "The Collision of Alpha-particles with Light Atoms", *Philosophical Magazine*, v. 37, 1919.

12. "Public ignorant about radiation dose of mammograph", *Medscape*, 12 maio 2014. Disponível em: <www.medscape.com/viewarticle/824999>. Acesso em: 18 ago. 2017.

13. G. Mansfield, "Banana equivalent dose", 7 mar. 1995. Disponível em: <http://health.phys.iit.edu/extended_archive/9503/msg00074.html >. Acesso em: 18 ago. 2017.

14. D. R. Corson, K. R. MacKenzie, E. Serge, "Artificially radioactive element 85", *Physical Review*, v. 58, n. 8, pp. 672-8, 1940.

15. *Homem de Ferro 2*. Direção: Jon Favreau. Produção: Kevin Feige. Roteiro: Justin Theroux e Stan Lee. Intérpretes: Robert Downey Jr., Mickey Rourke e Gwyneth Paltrow. Duração: 124 min. Paramount Pictures, 2010.

16. "Edwin M. McMillan — facts", *Nobel Prize*. Disponível em: <www.nobelprize.org/nobel_prizes/chemistry/laureates/1951/mcmillan-facts.html>. Acesso em: 18 ago. 2017.

17. R. M. Shoch, *Case Studies in Environmental Science*. Eagan, MN: West Publishing Co., 1996.

18. "Americium", *ACS Publications*. Disponível em: <pubs.acs.org/cen/80th/print/americiumprint.html>. Acesso em: 18 ago. 2017.

19. "Iupac announces the names of the elements 113, 115, 117 and 118", *International Union of Pure and Applied Chemistry*, 30 nov. 2016. Disponível em: <iupac.org/iupac-announces-the-names-of-the-elements-113-115-117-and-118>. Acesso em: 18 ago. 2017.

20. J. Emsley, *Nature's Building Blocks: An A-Z Guide to the Elements*. Oxford: Oxford University Press, 2001.

9. Esquerdistas [pp. 116-31]

1. A. K. Geim, M. V. Berry, "Of flying frogs and levitrons", *European Journal of Physics*, v. 18, n. 4, pp. 307-13, 1997.
2. K. S. Novoselov et al., "Electric firled effect in atomically thin carbon films", *Science*, v. 306, n. 5696, pp. 666-9, 2004.
3. "How strong is graphene?", *University of Manchester*. Disponível em: <www.graphene.manchester.ac.uk/discover/video-gallery/what-is-graphene/how-strong-is-graphene>. Acesso em: 18 ago. 2017; J. Abraham et al., "Tunable sieving of ions using graphene oxide membranes", *Nature Nanotechnology*, n. 12, pp. 546-50, 2017.
4. "Properties of stainless steel, metals and other conductive materials", *TibTech Innovations*. Disponível em: <www.tibtech.com/conductivity.php>. Acesso em: 18 ago. 2017; "Understanding graphene", *Graphenea*. Disponível em: <www.graphenea.com/pages/graphene>. Acesso em 18 ago. 2017.
5. J. Romer, *A History of Ancient Egypt: From the First Farmers to the Great Pyramid*. Nova York: Thomas Dunne Books, 2013.
6. J. Levy, *Scientific Feuds: From Galileo to the Human Genome Project*. Londres: New Holland Publishers, 2010.
7. S. Gray, "An account of some new electrical experiments", *Philosophical Transactions of the Royal Society of London*, v. 31-3, 1708.
8. D. S. Lemons, *Drawing Physics: 2,600 Years of Discovery from Thales to Higgs*. Cambridge, MA: MIT Press, 2017.
9. P. Bertucci, "Sparks in the dark: The attraction of electricity in the eighteenth century', *Endeavour*, v. 31, n. 3, 2007.
10. C. Brandon, *The Electric Chair: An Unnatural American History*. Jefferson, NC: McFarland, 1999.
11. Levy, *Scientific Feuds*; *Electrocuting an Elephant (1903) — WARNING: Viewer Discretion — Disturbing footage — Thomas Edison*, Change Before Going Productions, 16 jan. 2014. Disponível em: <www.youtube.com/watch?v=NoKi4coyFwo>. Acesso em: 18 ago. 2017.
12. C. S. Combs, *Deathwatch: American Film, Technology and the End of Life*. Nova York: Columbia University Press, 2014.
13. M. S. Rosenwald, "'Great God, he is alive!': The first man executed by electric chair died slower than Thomas Edison expected", *Washington Post*, 28 abr. 2017.

10. Ácidos, cristais e luz [pp. 132-44]

1. D. Wilson, *A History of British Serial Killing*. Londres: Sphere, 2011; M. Whittington-Egan, R. Whittington-Egan, *Murder on File: The World's Most Notorious Killers*. Castle Douglas: Neil Wilson Publishing, 2005.

2. D. H. Ripin, D. A. Evans, "pKas of inorganic and oxo-acids", *The Evans Group*. Disponível em: <evans.rc.fas.harvard.edu/pdf/evans_pKa_table.pdf>. Acesso em: 18 ago. 2017.

3. Ibid.; G. T. Cheek, "Electrochemical studies of the Fries rearrangement in ionic liquids", *Electrochemical Society Transactions*, v. 16, n. 49, pp. 541-4, 2009.

4. G. A. Olah, "My search for carbocatins and their role in chemistry", Nobel Lecture, 8 dez. 1994.

5. Para ilustrar esse ponto, o autor tomou a afirmação do artigo sobre superácidos da Wikipédia. Disponível em: <en.wikipedia.org/wiki/Superacid>. Acesso em: 18 ago. 2017. A Wikipédia cita G. A. Olah, "Crossing conventional boundaries in half a century of research", *Journal of Organic Chemistry*, v. 70, n. 7, pp. 2413-29, 2005, para a afirmação de que o ácido fluoroantimônico é 1016 vezes mais forte que sulfúrico, que sabidamente tem um pK_a de -3, dando um pK_a de -19.

6. T. R. Hogness, E. G. Lunn, "The ionisation of hydrogen by electron impact as interpreted by positive ray analysis", *Physical Review*, v. 21, n. 1, pp. 44-55, 1925.

7. Esse número é calculado a partir da geração de um ciclo de Born-Haber via: S. Lias et al., "Evaluated gas phase basicities and proton affinities of molecules: Heats of formation of protonated molecules", *Journal of Physical and Chemical Reference Data*, vol. 13, n. 3, p. 695, 1984, e supõe que o íon HHe^+ tem uma solubilidade similar a um íon de lítio, que tem tamanho comparável. Se supomos que uma mudança de energia livre de dissociação é -360 kJmol^{-1} então a temperatura e pressão normais podemos invocar $G = -RT \ln Ka$. Tomando $-360/(0,008314 \times 273)$ obtemos $158,6 = \ln Ka$, e portanto um Ka para ter valor de $4,15 \times 10^{68}$. Tomando o logaritmo negativo desse número obtém-se $-68,6$, que o autor arredondou para -69.

8. "Strange but true: Superfluid helium can climb walls", *Scientific American*, 20 fev. 2009. Disponível em: <www.scientificamerican.com/article/superfluid-can-climb-walls>. Acesso em: 18 ago. 2017.

11. Está vivo, está vivo! [pp. 145-61]

1. A. C. Nathwani et al., "Polonium-210 poisoning: a first-hand account", *The Lancet*, v. 388, n. 10049, pp. 1075-80, 2016.
2. R. H. Adamson, "The acute lethal dose 50 (LD50) of caffeine in albino rats", *Regulatory Toxicology and Pharmacology*, v. 80, pp. 274--6, 2016.
3. E. Welsome, *The Plutonium Files: America's Secret Medical experiments in the Cold War.* Nova York: The Dial Press, 1999.
4. CHUMBO: K. Sujatha et al., "Lead acetate induced neurotoxicity in Wistar albino rats: A pathological, immunological, and ultrastructural study", *Journal of Pharma and Bio Science*, n. 2, pp. 459-62, 2011; nota: isso pressupõe o emprego de acetato de chumbo. TÁLIO: Agency for Toxic Substances and Disease Registry, *Toxicological Profile for Thallium.* Atlanta, GA: Agency for Toxic Substances and Disease Registry, 1992. Disponível em: <www.atsdr.cdc.gov/ToxProfiles/tp.asp?id=309&tid=49>. Acesso em: 18 ago. 2017; nota: isso pressupõe o acetato de tálio para uma comparação válida com chumbo. ARSÊNICO: H. Marquardt et al., *Toxicology.* Cambridge, MA: Academic Press, 1999. FÓSFORO: Agency for Toxic Substances and Disease Registry, *Toxicological Profile for White Phosphorus.* Atlanta, GA: Agency for Toxic Substances and Disease Registry, 1997. Disponível em: <www.atsdr.cdc.gov/toxprofiles/tp103-c2.pdf>. Acesso em: 18 ago. 2017; nota: o valor citado parece vir de C. C. Lee, *Mammalian Toxicity of Munition compounds. Phase I: Acute Oral Toxicity, Primary Skin and Eye Irritation, Dermal Sensitization, and Disposition and Metabolism*, Report n. 1, AD B011150. Kansas City, MO: Midwest Research Institute, 1975.
5. S. Ela, "Experimental study of toxic properties of dimethylcadmium", *Gigiena Truda i Professional'nye Zabolevaniya*, n. 6, pp. 14-7, 1991.
6. J. R. Barash, S. S. Arnon, "A novel strain of clostridium botulinum that produces Type B and Type H botulinum toxins", *The Journal of Infectious Diseases*, v. 29, n. 2, pp. 183-91, 2014.
7. "Botox Onabotuliniumtoxin A", *Botox.* Disponível em: <www.botox.com>. Acesso em: 18 ago. 2017.
8. C. H. Mayo, entrevista no *Northwestern Health Journal*, dez. 1924.
9. V. Busacchi, "Vincenzo Menghini and the discovery of iron in the blood", *Bullettino delle science mediche*, v. 130, n. 2, pp. 202-5, 1958.

10. E. Kinne-Saffran, R. K. Kinne, "Vitalism and synthesis of urea. From Friedrich Wohler to Hans A. Krebs", *American Journal of Nephrology*, v. 19, n. 2, pp. 290-4, 1999.

11. K. H. Antman, "Introduction: The history of arsenic trioxide in cancer therapy", *The Oncologist*, v. 6, n. 2, pp. 1-2, 2001.

12. N. C. Lloyd, "The composition of Ehrlich's salvarsan: Resolution of a century-old debate", *Angewandte Chemie*, v. 44, n. 6, pp. 941-4, 2005.

13. H. P. Chauhan, "Synthesis, spectroscopic characterization and antibacterial activity of antimony(III)bis(dialkyldithiocarbamato) alkyldithiocarbonates", *Spectrochimica Acta. Part A*, v. 81, n. 1, pp. 417-23, 2011; "Education in Chemistry: Cerium', *Royal Society of Chemistry*. Disponível em: <eic.rsc.org/elements/cerium/2020005.article>. Acesso em: 18 ago. 2017.

14. "Getting a tiny bit of this element on your skin will make you reek of garlic for weeks", *io9*, 13 ago. 2015. Disponível em: <io9.gizmodo.com/getting-a-tiny-bit-of-this-element-on-your-skinwill-ma-1723949124>. Acesso em: 18 ago. 2017.

15. R. Hambrecht et al., "Managing your angina symptoms with nitroglycerin', *Circulation*, n. 127, 2013.

16. V. S. Ramachandran, *Encyclopedia of the Human Brain*. Cambridge, MA: Academic Press, 2002.

17. T. Bartholin, *Historiarum anatomicarum rariorum centuria I et II* (1654). Disponível em: <books.google.nl/books?id=NTLAd44hZ4 UC&printsec=frontcover&dq=%22Historiarum+anatomicarum+ rariorum+centuria+I%22&hl=en&sa=X&ei=6TMLVagKo9SgBJv GgaAH&redir_esc=y#v=onepage&q=%22Historiarum%20ana- tomicarum%20orariorum%20centuria%20I%22&f=false>. Acesso em: 18 ago. 2017.

18. "New light on human torch mystery", *BBC News*, 31 ago. 1998. Disponível em: <news.bbc.co.uk/2/hi/uk_news/158853.stm>. Acesso em: 18 ago. 2017.

19. M. Harrison, *Fire from Heaven: A Study of Spontaneous Combustion in Human Beings*. Londres: Skoob Books, 1990.

20. "Cause of fire killing woman still mystery", *St Petersburg Times*, Section 2, 4 jul. 1951. Disponível em: <news.google.com/newspap ers?nid=888&dat=19510704&id=rwRZAAAAIBAJ&sjid=lE8DAAA AIBAJ&pg=3085,1265930&hl=em>. Acesso em: 18 ago. 2017.

21. G. Haslam, "1951, July 1: Mary Reeser's fiery death", *Anomalies: The Strange and Unexplained*. Disponível em: <anomalyinfo.com/Stories/1951-july-1-mary-reesers-strange-death>. Acesso em: 18 ago. 2017.
22. L. E. Arnold, *Ablaze! The Mysterious Fires of Spontaneous Human Combustion*. Nova York: M. Evans and Co., 1995.
23. J. Randles, P. Hough, *Spontaneous Human Combustion*. Londres: Robert Hale Ltd., 2007.
24. G. Whitley, "Garston Church" (1867-74), *Speke Archive Online*. Disponível em: <spekearchiveonline.co.uk/garston_church.htm>. Acesso em: 18 ago. 2017.
25. G. Gassmann, D. Glindemann, "Phosphane (PH3) in the biosphere", *Angewandte Chemie*, v. 32, n. 5, pp. 761-3, 1993.

12. Nove elementos que mudaram o mundo (e um que não o fez) [pp. 162-89]

1. "Pitch Drop Demonstration", *National Museums Scotland*. Disponível em: <www.nms.ac.uk/explore-our-collections/stories/science-and-technology/made-in-scotland-changing-the-world/scottish-science-innovations/pitch-drop-demonstration>. Acesso em: 9 set. 2017.
2. "Bart the Lover", *The Simpsons*, temp. 3, ep. 16. Direção: Carlos Baeza. Exibido em 13 fev. 1992.
3. J. Emsley, *Nature's Building Blocks: An A-Z Guide to the Elements*. Oxford: Oxford University Press, 2001.
4. E. Barrett, J. Mingo, *Not Another Apple for the Teacher: Hundreds of Fascinating Facts from the World of Education*. Newburyport, MA: Conari Press, 2002.
5. "The story of how the tin can nearly wasn't", *BBC News*, 21 abr. 2013. Disponível em: <www.bbc.com/news/magazine-21689069>. Acesso em: 18 ago. 2017.
6. Adaptado de "Gold fun facts", *American Museum of Natural History*. Disponível em: <www.amnh.org/exhibitions/gold/eureka/gold-fun-facts>. Acesso em: 18 ago. 2017.
7. Adaptado de R. O'Connell et al., *GFMS Gold Survey 2016*. Nova York: Thomson Reuters, 2016.

8. "The history of money", *The Mint of Finland*. Disponível em: <www.suomenrahapaja.fi/eng/about_money/the_history_of_money>. Acesso em: 18 ago. 2017; E. M. Green, *Lady Midrash: Poems Reclaiming the Voices of Biblical Women*. Eugene, OR: Wipf and Stock, 2016.

9. J. O. Nriagu, "Saturnine gout among Roman aristocrats: Did lead poisoning contribute to the fall of the empire?", *New England Journal of Medicine*, n. 308, pp. 660-3, 1983.

10. H. Needleman, "Low level lead exposure: History and discovery", *Annals of Epidemiology*, v. 19, n. 4, pp. 235-8, 2009; H. Delile et al., "Lead in ancient Rome's city waters", *PNAS*, v. 11, n. 18, pp. 6594-9, 2014.

11. D. Childress, *Johannes Gutenberg and the Printing Press*. Minneapolis, MN: Twenty First Century Books, 2008.

12. A. Gallop, "Mortality improvements and evolution of life expectancies", *Actuary, Pensions Policy, Demography and Statistics*. Londres: Government Actuary's Department, 2006.

13. G. W. Beardsley, "The 1832 cholera epidemic", *Early America Review*, v. 4, n. 1, 2000.

14. "'Measles' and 'Frequently asked questions and answers on smallpox'", *World Health Organization*. Disponível em: <www.who.int/mediacentre/factsheets/fs286/en/> e <www.who.int/csr/disease/smallpox/faq/em>. Acesso em: 18 ago. 2017.

15. D. Charles, *Between Genius and Genocide: The Tragedy of Fritz Haber, Father of Chemical Warfare*. Londres: Jonathan Cape, 2005.

16. "How much water does the average person use at home per day?", *United States Geological Survey*. Disponível em: <water.usgs.gov/edu/qa-home-percapita.html>. Acesso em: 18 ago. 2017.

17. T. P. Garrett, "The wonderful development of photography", *The Art World*, v. 2, n. 5, pp. 489-91, 1917.

18. S. Herbert, "Wordsworth Donisthorpe", *Who's Who of Victorian Cinema*, 2000. Disponível em: <www.victorian-cinema.net/donisthorpe>. Acesso em: 18 ago. 2017.

19. J. Watson, *DNA: The Secret of Life*. Londres: Arrow Books, 2003.

20. "U.S. Nuclear Weapons Capability", *2017 Index of U.S. Military Strength*, 2017. Disponível em: <index.heritage.org/military/2017/assessments/us-military-power/u-s-nuclear-weapons-capability>. Acesso em: 18 ago. 2017.

21. *J. Robert Oppenheimer: "I am become death, the destroyer of worlds"*, Plenilune pictures, 6 ago. 2011. Disponível em: <www.youtube.com/watch?v=lb13ynu3Iac>. Acesso em: 18 ago. 2017.

22. J. N. Shurkin, *Broken Genius: The Rise and Fall of William Shockley, Creator of the Electronic Age*. Londres: Macmillan, 2006.

23. A. Usanov et al., *Coltan, Congo & Conflict: Polinares Case Study*, Haia: The Hague Centre for Strategic Studies, n. 21.05.13, 2013; E. Sutherland, "Coltan, the Congo and your cell phone: the connection between your mobile phone and human rights abuses in Africa", *MIT*, 2016; disponível em: <web.mit.edu/12.000/www/m2016/´pdf/coltan.pdf >. Acesso em: 18 ago. 2017.

24. D. Grossmann, C. Ganz, P. Russell, *Zeppelin Hindenburg: An Illustrated History of LZ-129*. Stroud: The History Press, 2017.

25. O. A. Hurricane et al., "Fuel gain exceeding unity in an inertially confined fusion implosion", *Nature*, v. 506, pp. 343-7, 2014.

Índice remissivo

ESTA OBRA FOI COMPOSTA POR MARI TABOADA EM DANTE PRO E
IMPRESSA EM OFSETE PELA GRÁFICA PAYM SOBRE PAPEL PÓLEN SOFT
DA SUZANO S.A. PARA A EDITORA SCHWARCZ EM DEZEMBRO DE 2022